九天揽月

太空探索史话

张天蓉 著

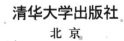

清华大学出版社

北京

图书在版编目（CIP）数据

九天揽月：太空探索史话 / 张天蓉著. — 北京：清华大学出版社，2021.10
（科学原点丛书）
ISBN 978-7-302-57289-3

Ⅰ.①九… Ⅱ.①张… Ⅲ.①空间探索－普及读物 Ⅳ.①V11-49

中国版本图书馆CIP数据核字（2021）第005920号

责任编辑：胡洪涛
封面设计：于 芳
责任校对：王淑云
责任印制：杨 艳

出版发行：清华大学出版社
　　　　　网　　址：http://www.tup.com.cn, http://www.wqbook.com
　　　　　地　　址：北京清华大学学研大厦A座　　　　邮　　编：100084
　　　　　社 总 机：010-62770175　　　　　　　　　邮　　购：010-62786544
　　　　　投稿与读者服务：010-62776969, c-service@tup.tsinghua.edu.cn
　　　　　质量反馈：010-62772015, zhiliang@tup.tsinghua.edu.cn
印 装 者：小森印刷（北京）有限公司
经　　销：全国新华书店
开　　本：165mm×235mm　　印　　张：14.5　　字　　数：181千字
版　　次：2021年10月第1版　　　　　　　　印　　次：2021年10月第1次印刷
定　　价：59.80元

产品编号：088155-01

引 言
亮剑太空

从地球走向太空，是人类文明的一大进步。

飞天梦是人类自古以来就有的梦想。希望能像鸟儿一样自由自在地在空中飞翔，是航空梦；到月亮上去，进而探索莽莽河汉和浩瀚神秘的太空，是航天梦。这两类梦想吸引着无数英雄竞折腰，甚至为此牺牲，但人类仍然前仆后继，勇往直前。

航空和航天，起源一致但因理论和技术不同而分家，本书描述的是航天而非航空。

中国人自古不缺航天梦，从"嫦娥奔月"的神话想象，到"万户飞天"的身体力行，历史文化中均有传说和记载，甚至现代航天中必不可缺的火箭技术也源自我们祖先的伟大发明。

20世纪中叶开始的美苏"冷战"把人类拉进了太空时代。从1958年苏联发射第一颗人造卫星开始，人类探索太空的脚步已经走过了近60年的历程。奔赴太空半个世纪，托起人类千古一梦。其中不仅有科学家求知欲的满足，也伴随着时代变革的风风雨雨。从美苏两个超级大国在第二次世界大战之后的人才争夺战开始，航天方面的科学技术发展迅猛，各国纷纷在太空亮剑，掀开了在科学、技术、军事、政治各领域的全面竞争。这其中有成功的喜悦，也不乏失败的教训。

这个世界各国以千亿万亿资金投入，数万人辛勤劳动以至付出生命代价的

"航天工程"，为人类文明做了些什么？人类对太空的众星系有何更深入的理解？如今，借助于现代的高科技，我们如何重新解读太阳系和银河系、如何认知太空中那些遥远而且形形色色的神秘天体？太空的探索与开发又如何改变了人类的生活和思维方式？此外，在满天繁星及航天探秘的背后，隐藏着哪些基本又有趣的物理知识？这些是本书作者希望引领读者思考解决的问题。

然而，宇宙茫茫，星辰无数。除了亿万的自然天体之外，几十年来，人类发射至太空的人造天体也已经上万！因此，作者不可能面面俱到，只能带领你在这个巨大星海旁的沙滩上，拾取几颗美丽的贝壳。通过一些典型事例的介绍，让读者对基本航天知识以及其中的物理原理有所了解。同时，也通过介绍人类航天史上一些妙趣横生和震撼人心的故事，使读者认识人类航天的简要历史轮廓。从古代的飞天传奇，到世界各大国之间的太空争夺战，说明航天工程对人类文明社会的重要性。

也许有人会说，天上的星星固然美丽迷人，但离我们太遥远。登陆月球、火星，那都是科学家和航天员考虑的事，与我们的日常生活有什么关系呢？这实际上是对天文学及航天事业的误解，姑且不谈"理想""梦想"之类的长远而抽象的话题，太空中发生的很多事情是与人类生存息息相关的。天上的星星并非遥不可及，它们的运动和变化无时无刻不在影响着我们的生活。

在美苏太空竞争的年代，美国总统林登·约翰逊说过："控制了太空，便有能力控制天气、干旱和洪水，改变潮汐、提高海平面……这是比终极武器更重要的东西，这是从太空某处达到完全控制地球的最终目的。"

约翰逊这段话的意思就是说，控制了太空便意味着控制了世界的未来。

谁不愿意控制未来呢？谁也不希望未来被别人控制！这就是为什么世界各国都想要发展航天事业，都纷纷想加入这个"太空俱乐部"中来分一杯羹。发展航天事业，将自己的国力展示于他人，也亮剑于太空，这是如今每一个大国的愿望和共识。

如今的航天领域，已经不仅仅是美俄两国之争。美国对太空的兴趣一如既往，近几年的探索重心已大大超出月球，而世界上许多国家也都纷纷宣布了自己的太空探索计划。俄罗斯的航天计划停滞多年后正在艰难重启；日本将与美国合作载人探月项目；欧洲的航天计划因金融危机搁置，但希望参与俄罗斯的月球探测项目中；印度一直都关注航天事业的发展，自主研发显示了其大国雄心，探索太空的步伐也从未停止。

中国从来就重视航天事业。从1970年发射第一颗人造地球卫星（"东方红1号"），在太空响起"东方红"开始，"长征"号运载火箭、神舟载人飞船、北斗卫星导航系统，还有"天宫""嫦娥"和"玉兔"，一系列太空探索计划步步紧跟。航天时代已经到来，太空离我们并不遥远！

没有哪一门科学像"航天"这样充满了幻想色彩。除了古代各种文化中的神话故事外，近现代的许多天文学家也都写过科幻作品。航天科学的先驱者更是热衷于将他们的航天思想用科幻的形式表达出来，以便容易得到广大民众的认同。早在400多年前，天体力学的祖师爷，大家熟知的开普勒（Kepler，1571—1630）就写过一本既像科幻又像科学专著的作品（以《梦》为题发表），描述他想象中的星际之旅。

航天相关的科幻作品与天文、物理方面的科学论文如同纠缠在一起的两条环绕线，在互相促进和影响下前进。从开普勒之后，特别是哥白尼的日心说站稳地位、牛顿又建立了经典力学之后，西方有关航天的科幻小说可以列出一大串。1657年，法国作家贝尔热拉出版的科幻小说《月球之旅》中，已经颇为超前地讨论了7种登月的方法，前6种都失败了，只有第7种"爆竹产生的焰火"成功了。贝尔热拉并非科学家，却偶然地预言到了牛顿直到半个世纪之后才总结出的作用与反作用原理。在阿西尔·埃罗于1865年出版的《金星之旅》中，主人公也发明了一种利用水的反作用力将飞船推入太空的动力装置。作者在书中还用手枪的后坐力来生动地说明了反作用力的由来。从原理上来说，现代的火箭和书里的"水箭"并没有本质区别，只不过是喷射的物质不同罢了。当年文学作品的想象力大大地超越了科学技术能达到的现实，更为可贵可赞的是十七八世纪的科幻作家们在其作品中表现出的那种认真思考科学原理的求实精神。

如今，在现代新一轮的太空航天竞赛中，如何才能发挥中国现有的优势，尽快缩小与先进国家的差距，走出自己独特的航天技术之路呢？这其中除了专业人士的努力之外，广大民众的理解和支持也必不可少。因此，向公众科普航天知识，让老百姓更多地熟悉太空、了解航天，是科学工作者的任务，也是本书作者的初衷。

航天学是一门有趣的学科，但实际的工程发射过程却充满了危险和挑战，特别是载人航天。太空毕竟是一个与人类的地球家园迥异的环境，我们要适应太空、克服人体的各种不良反应等，对此，科学家们做了许多研究。此外，载人航天器的发射和返回过程危险性很大，航天史上有过几次大事故，作者也会加以介绍，使人们能以此为鉴。

迄今，因为航天器的速度所限，现代的航天技术主要只是探索太阳及太阳系中的八大行星。因此，作者仅对太阳系几个主要行星及它们的几个典型有趣的卫星的物理规律和特点做了基本介绍，带领读者星海拾趣。人类最感兴趣且派去探测器的有哪些星球？为什么对它们特别看待？哪几个星球与地球的环境最为类似？在这些天体上是否探测到任何生命存在的迹象？如果地球突然发生大灾难，人类有移民其他星球的可能性吗？

此外，如今飞得最远的"旅行者"号探测器被认为刚刚抵达太阳系的边界。但通过望远镜，人类却已经观察到了广博得多得多的宇宙。作者也将对哈勃空间望远镜及韦伯空间望远镜略作介绍。

为了增加可读性，作者以"二战"后美苏的太空竞争为线索，插入一些当事人和研究者的逸闻趣事，再将航天方面的科学技术发展穿插其中，读故事、长知识，让读者在轻松阅读故事的过程中学习航天知识。

十分有趣的是，除了人类社会中的各个大国在进行太空争夺战之外，宇宙中的各个天体虽然本是没有意识的非生命之物，它们之间却似乎也在进行着争斗。从物理学的视角看，宇宙间存在4种基本相互作用，其中强相互作用和弱相互作用只在微观的尺度范围内起作用，它们可以影响每个星体内部结构中的物理过程，但与天体之间的运动关系不明显。其他两种力：引力和电磁力，都是长程力，对天体的相互运动起着重要的作用。宇宙中大大小小、形形色色的天体运用它们各自的引力和电磁力，像是在互相抢地盘、占山头，大星吞小星、小星撞大星，用物理规律展开一场无言的战争。对此，作者描述了宇宙中一幅十分有趣的物理图景。

该书的读者可定位于各个领域的大学本科生、研究生，对天文学、航天、物理学等感兴趣的初、高中学生等。然而，航天技术及其探索目标——"太空"之谜，对各个阶层和领域的读者，都具有极大的诱惑力。本书中没有数学公式，因而适合所有爱好科学的广大读者阅读，包括各个年龄层次的文科读者。

本书作者既是物理学者，又是科普作家，物理概念清晰，文字功底深厚，表述深入浅出，比喻恰到好处。作者善于使用通俗的解释、流畅的语言、直观的图像来解释深奥难懂的物理内容。

阅读本书，能使读者从如下几个方面获益：

通过介绍航天中的典型事例，满足各个年龄阶层人们对太空的好奇心，增长见识，启发人们对地球、太阳系和人类未来的思考，吸引年轻人踏进科学技术、天体物理、航天工程的大门。

用通俗易懂的比喻，图文并茂的解释，幽默风趣的语言，引导读者学习、思考和探索星体背后的物理现象，了解天体运行、恒星演化、宇宙变迁的基本物理规律。让读者体会大自然造物之巧，感受科学理论之美。

目　录

第 1 章

火箭研发

"峨峨云梯翔，赫赫火箭著。"

——韩愈

第1节

纳粹溃退烽火灭绝　美军挺进人才捕获

我们的故事开始于一个不早不晚的年代。1945 年 5 月 2 日，也就是希特勒夫妇在地堡内自杀后的第三天，第二次世界大战已经接近尾声，虽然日本还未投降，仍然在做垂死挣扎，但战争胜负的大局已定，不可逆转。

德国南部的阿尔卑斯山区，一个颇有特色、叫作阿玛高（Oberammergau）的小镇附近，远望高山巍峨、雪峰挺拔；近看湖水碧秀、绿草如茵。这里气候宜人、风景似画，使人难以想象到如此美景也曾被战火硝烟所糟蹋。那天，美军第 44 步兵师的一队侦察兵正在执行巡逻任务，忽然看见两辆自行车从山上缓缓而下……

来者之一操着一口有着浓重德国腔调的蹩脚英语，结结巴巴地向士兵说明他的哥哥是谁："V2 导弹……设计师……冯·布劳恩……要投降……"

当时没人不知道 V2 导弹，那是让盟军不寒而栗的新型终极致命武器！希特勒为了加速战争最后的进程，聚集科学家和工程师们，于德国的佩讷明德陆军和空军试验基地成功地研制出 V2 导弹，并在多处地下工厂大量生产。

就在不到一年之前，1944 年 9 月 8 日清晨 6 点，泰晤士河边一声巨响，1 t 多的炸药从天而降，惊醒了无数睡梦中的伦敦人。可是，天上并没有看见德国佬的轰炸机啊！原来这些重磅炸弹是来自于 300 km 之外荷兰海牙的德军基地，

2

炸弹的携带者就是 V2 导弹，它花了不到 6 分钟就飞越了英吉利海峡，神出鬼没地在伦敦爆炸。之后短短的 6 个月内，疯狂的纳粹德国接二连三地发射了 3745 枚 V2 导弹，其中有 1115 枚击中英国本土，共炸死 2724 人，炸伤 6476 人，并对建筑物也造成相当大的破坏。此外，攻击比利时的 V2 导弹造成 6500 人死亡，伤者数万。正是"铁球步帐三军合，火箭烧营万骨乾"。

当然，如今我们仔细一算，这造价昂贵（12 万马克）[①] 的 V2 导弹实在太不合算，效率极低，平均一个导弹才炸死两三个人，由此也足以证明当时德军困兽犹斗的疯狂劲头。无论如何，这门武器因为不易被拦截而造成当年的欧洲社会人心惶惶。此外，希特勒为了尽快制造出足够多的 V2 导弹，建立地下工厂批量生产，残酷地压榨犹太人和抓来的普通劳工。据说为生产导弹而累死的劳工就有数万人，比轰炸敌国炸死的人还要多。

V2 武器没有能挽回德军的败局，但它拉开了新式作战的序幕，无疑是一项重大的军事技术突破。艾森豪威尔在回忆录中说："如果德国人提早 6 个月完善并使用这些武器的话，我们要进入欧洲将是极端困难的，甚至是不可能的。"为此，当年的盟军迫切希望获得 V2 导弹，四处寻找这个项目背后的科学家。

没想到这一天，研制 V2 导弹的顶级专家却自己送上门来，正是"踏破铁鞋无觅处，得来全不费工夫"，美国人不由得乐在眉尖、喜上心头："哦，欢迎你们投降，用你们的技术为美国效劳。"

两位来访者早就准备好了说辞："统帅们不希望我们落入斯大林手里，于是在 3 月就要求我哥哥（即冯·布劳恩）和他手下的 500 名科研人员带着大量资料离开了科研基地，躲避正在逼近的苏联红军……我们手中有大量的资料、技

---

①　1 马克 ≈ 3.8583 元人民币，自 1999 年起被欧元代替。

术和人才，也愿意服务于美国，但条件是希望能得到善待。"

这有什么可说的，双方很快便达成协议并且找到了藏身于高级别墅、正在欣赏山间美景的冯·布劳恩。这位著名的火箭专家被俘时才 32 岁，年轻帅气、英姿勃发，但因为不久前出车祸，手上还打着石膏绷带（与战争无关）。面对荷枪实弹的美国兵，布劳恩说了一句话，但语气中仍带有德国科学家那种惯有的骄傲："我们虽然战败了，但我们开创了全新的战争模式。你们找我，就是为了得到这种技术。"

德国的纳粹分子对人类犯下了不可饶恕的滔天罪行，但德国科学家毫无疑问对科学技术的进步做出了重要的贡献。第二次世界大战除了战场上的较量之外，双方在科技上也明争暗斗，打着另一场战争，对核物理的研究最后导致原子弹武器的开发是另一个著名的例子。

希特勒对犹太人的迫害使得大批犹太裔科学家抵达美国，其中也包括爱因斯坦。这些从魔掌下逃离的物理学家们关注到德国在核研究方面的动向，由爱因斯坦牵头向美国报告说，德国科学家已经掌握了铀的原子裂变技术，即制造原子弹的第一步。如此才使美国政府开始意识到如果希特勒拥有这项技术，将给世界带来前所未有的灾难，因而投资 20 亿美元启动了研发原子弹的"曼哈顿计划"。最终该计划获得成功并用于实战，缩短了战争的进程。

德国人的原子弹研究最终未成正果，著名物理学家海森伯曾经参与其中。就在布劳恩的兄弟与美国士兵商谈投降事宜的第二天，美军在海森伯的家中抓获了他。

德国已经崩溃，战争即将结束，与科技相关的竞争逐渐转化成了同盟国之间暗地争夺德国人才的斗争。美国在 1945 年初启动了"回形针"行动，苏联也相应实施了所谓"面包换人"的计划。

苏军原本在最后的德国战场上占尽了先机,曾在 1945 年 1 月直接威胁到了离德军火箭研制基地不远的地带。苏军还在波兰的荒野中发现了一些被德军丢弃的 V2 导弹外壳,他们立即将其送回莫斯科进行研究。

1945 年 3 月,美军开进波恩,波恩大学的科学家们将一些相关资料撕碎丢进马桶中,但来不及处理堵塞的马桶就纷纷逃离了。一个波兰籍卫兵发现了马桶中的碎纸片,将它们全部掏出交给了美军。最后,这些残存的碎纸片组成了一份包含德国科研计划摘要和 1500 多名科学家、高级技术人员名单及家庭地址的重要文件,这份名单为美国找到这些科学家的"回形针"行动提供了极大的帮助。

在军方授权下,匈牙利裔美国工程师和物理学家冯·卡门(von Kármán,1881—1963)组建了一个由 36 位专家组成的调查团前往德国考察,其中包括他最得意的学生钱学森。冯·卡门等也审问过主动投降的布劳恩等人,考察了火箭技术并得出在该领域德国已领先美国 10 年的结论。钱学森在此行中得益匪浅,后来他冲破阻碍回到中国成为"两弹一星"的元勋级人物。

冯·布劳恩(von Braun,1912—1977)出生于德国普鲁士境内,其父母家族都有欧洲王室血统,其母在冯·布劳恩接受宗教洗礼之后,赠予他一台望远镜,从此布劳恩迷上了浩瀚星空,立志研究能一飞冲上太空的火箭。战争成全了他的理想,也改变了他的命运。1932 年,布劳恩在 20 岁时就被任命为德国首个导弹试验场液体火箭研发项目的技术负责人。

他的梦想指向太空,但命运却让他击中了伦敦,杀害了不少无辜的民众。正如他在听到伦敦被击中的消息后说:"火箭工作正常,除了登陆在了错误的星球上。"

火箭的工作原理和飞机不一样。飞机在飞行时受到 4 个力的作用(图 1-1(a)右):动力(即发动机产生的推力)、阻力、升力、重力。这里与地面交通

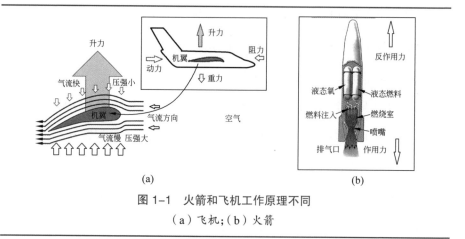

(a)   (b)

图 1-1   火箭和飞机工作原理不同

（a）飞机；（b）火箭

工具不一样的是，飞机需要一个向上的"升力"，才有可能飞到天空中去。

升力是飞行不可或缺的重要元素，它是如何产生的呢？飞机的升力与机翼截面的形状密切相关，是通过机翼上下表面的气流速度的差异而产生的。如果将机翼沿飞行方向纵向剖开，得到的机翼剖面是一个上拱下平的形状（图1-1（a）左）。当空气流过机翼时，气流沿上、下表面分开，最后在后缘处汇合。上表面弯曲，气流流过时走的路程较长；下表面平坦，气流走的路程较短。根据伯努利原理，上表面的气流速度快而压力小，下表面低速气流对机翼压力较大，就产生了一个上、下表面之间的压力差，也就是向上的升力。因此飞机是凭借空气动力学原理获得升力而飞行的，所以飞机只能在大气层中飞行，不可能飞到没有大气的太空中。

火箭的工作原理（图1-1（b））不同于飞机，对火箭而言，无论是上升或前进，在任何方向得到加速度，靠的都是尾部气体喷出后产生的反作用力。作用与反作用定律就是中学物理中为人熟知的牛顿第三定律。它说的是，反作用力总是与作用力相等，作用在不同的物体上。在火箭的情况下，燃料与氧化剂混合燃烧后产生的大量气体从火箭尾部向后喷出，如果将气体后喷的力当作作用力，它的反作用力则作用在火箭主体上，推动火箭向前。因此，由于火箭自身携带着燃料和氧化剂，既不需要空气来产生升力也不需要空气中的氧气帮助燃烧，故而适合在太空环境下工作。

众所周知，地球大气有一定的厚度，大气的密度随着距离地面高度的增加而减小。那什么高度就算是"太空"呢？事实上，太空和大气层之间并没有一条明显的界线，不过我们总是可以人为地给出一个规定的数值。国际航空联合会将 100 km 的高度定义为大气层和太空的界线。美国认为到达海拔 80 km 的人即为宇航员。因此，高度超过 80 km（最高达到 100 km）可以算作进入了太空。

布劳恩及其团队在 20 世纪 30 年代的任务是研究开发液体燃料火箭（A4 火箭）。他的脑海中无疑经常梦想到月球旅行，因为 A4 火箭上画的是科幻片《月亮夫人》的宣传画，一位坐在新月上的漂亮夫人！布劳恩当时甚至还制定了载人航天飞行计划。

10 年的努力终于取得了突破，1942 年 10 月，一枚 A4 火箭实现完美发射，飞行高度达到 84.5 km，飞行距离达到 190 km。其到达的高度已经算是抵达了"太空"，从航天的意义上，这可算是人造物体进入太空的第一个里程碑。

然而，战争正在激烈地进行，德军步步败退，纳粹分子不要"登月"，也不在乎是否进入"太空"，他们只在乎火箭升得越高方能飞得越远，他们做的是制造武器、屠杀人类的另一种梦。从 1943 年开始，A4 火箭变成了 V2 导弹。布劳恩受命研制这种能够携带 750 kg 炸药飞行约 300 km 后准确击中目标的武器。"V2"的德文意思是"报复"，纳粹将其命名为"复仇使者"，企图扭转败局，准备报复。

V2 导弹发射时的质量大约 13 t，可负载 1000 kg 的高能炸药弹头，并射向 300 km 远的目标。导弹先被垂直发射到一定的高度（24~29 km），然后按一定的倾角弹道上升。当升至最高点（48 km 左右）时，无线电指令控制系统关闭发动机，火箭靠惯性继续升到 97 km。然后，以 3542 km/h 的速度沿抛物线自由下落，最后击中预先计算好的地面攻击目标（图 1-2）。

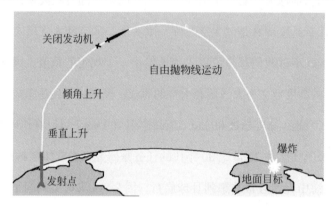

图 1-2　V2 导弹飞行路线示意图

聪明过人的布劳恩并不是一个死命效忠纳粹的傻瓜，当看到战争形势对德方不利时，他就开始考虑自己及几百名科学家的去向问题。他当然知道自己对美国（或苏联）的价值，但他不相信斯大林，被苏军抓住不会是好事，他们连自己的科学家都不能"善待"，又怎么可能善待像他这样的纳粹战俘——过去的党卫军少校呢？

在从佩纳明德撤退的时候，冯·布劳恩私自做了一个大胆的决定。他舍不得销毁自己多年的研究成果，便违背命令将 14 t 重的火箭技术草图及数据藏在了哈尔茨山一个废弃的矿井里，这些资料也成为他（及他的弟弟）与美军交涉的筹码。

不久后，布劳恩和他的上百名同行一起被送到了美国。

古人爱做太空梦　大师练就理论功

可喜的是，冯·布劳恩在美国如鱼得水，有机会实现了他少年时代的"月球旅行"梦。

美国人如何能先于世界各国实现人类千年的登月梦？这不是一句话就能说清楚的，也远非冯·布劳恩一人的功劳，且听我们从神话和幻想开始，将航天历史慢慢道来。

飞到月亮上去！这是人类自古以来的梦想。不过要实现这个梦想谈何容易，人类被地球的引力牢牢束缚在地面附近，而月亮却高高地挂在天上，离地面有遥远的 38 万 km！这是一个难以飞越的高度，古人只能凭想象和神话故事来满足对月球的好奇。

据说在 14 世纪末，有一个叫"万户"的中国官员，注意到人们在节日时当作玩具的烟花礼炮，能够利用火药燃烧产生的反冲力将烟花射到天上。勇敢的万户想用同样的方法将自己送上太空，他将 47 支烟花（火箭）捆绑在椅子上，做成了一个飞行器。

万事俱备之后，万户穿戴整齐，手拿两个风筝，坐上座椅，让别人把 47 支烟花同时点燃。不幸的是，随着一阵剧烈的爆炸，万户和他的飞行器灰飞烟灭。

有趣的是，这个"万户飞天"的传说，以多个版本的不同形式，被记载在某些西方的航天史文献中。就连月球上的一个环形山，也以他的名字命名。但在中国的历史资料中，却尚未发现关于万户的记载[1]。

火箭技术是登月的关键，无论万户是否真的是中国人，人们将万户飞天的传说冠以"中国"之名，多半因为中国是火箭技术的发源地。我们经常骄傲地说："火箭是中国人发明的！"的确，中国唐代出现的烟火类玩物、宋朝的"火箭"，都是利用燃料燃烧后再向后喷射出来产生的反作用力推动物体朝前发射而"上天"，它们当之无愧地成为近代航天技术最原始的"老祖宗"。

尽管万户的试验以失败告终，但基本原理与之相同的现代火箭技术，却一次又一次地在航天活动中取得了成功。这要归功于几个现代火箭技术的先驱人物，首先要介绍的是航天及火箭理论的奠基者——被誉为航天之父的俄罗斯科学家康斯坦丁·齐奥尔科夫斯基（Konstanty Ciołkowski，1857—1935）。

科幻和科普读物在航天史上的地位举足轻重，当年几位火箭前辈的航天热情都是被登月之类的科学幻想小说点燃的。"飞向月球"是十八九世纪西方科幻作家笔下的热门主题。其中，最值得一提的是法国人凡尔纳（Verne，1828—1905）的科幻作品。凡尔纳知识渊博，重视科学依据，所以他的小说既有文学价值，也有科学价值。他小说中的诸多有趣的预言，有许多如今已成为现实。

《地球到月球》是凡尔纳于1865年创作的作品，描述几个人乘坐一枚由巨大大炮发射出的中空炮弹从而飞向月球的故事。这个引人入胜的离奇故事将太空旅行的思想种子播撒在一位俄国失聪少年的心上，他就是齐奥尔科夫斯基。小时候患猩红热使得他的耳朵几乎全聋，无法上正常学校。但是，这个少年固执地对父亲说："我要去莫斯科，那儿有图书馆，听不见也能读书，因为我将来要研究太空！"

父亲发现了这个"聋"儿子的与众不同：他爱读书，喜欢思考问题，尤其是爱不着边际地幻想。因此，并不富裕的父母满足了儿子的愿望，将他送去莫斯科学习。齐奥尔科夫斯基不负家人所望，自学成才，之后回到家乡担任中学教师，并在完成挣得温饱的工作之余，潜心地研究航天理论问题，被后人誉为"宇宙航天之父"。

由于耳聋，他与外界少有联系，又是靠自学，这对少年齐奥尔科夫斯基的成长以及之后的科学研究工作，既有利也有弊。耳聋使他养成了独立思考的习惯，凡是碰到难题都要自己动手计算一遍。但这个先天不足的缺陷也使得他鲜知同行们早期的研究成果，走了不少弯路。他年轻时经常发明出一些早已被人知道的东西，在科研中也往往是当他将感兴趣的物理问题解决之后，方才得知早已有人做出结果并发表了。例如，他曾经在 1881 年 20 多岁时得出气体运动理论的一个重要结果后，才知道这早已在 24 年之前就被人解决了。但总的来说，齐奥尔科夫斯基的科研之路还算顺利。当时他把他对气体运动理论的计算结果寄给了彼得堡物理化学学会，学会权威们仔细审核了这位研究者的文章，由著名的化学家、周期表发现者门捷列夫给他写了一封言辞谨慎的信。人们没有把齐奥尔科夫斯基当成骗子，反而鼓励这位年轻的中学教师继续他的科研。之后，齐奥尔科夫斯基将研究的兴趣集中到他经常进行思考的与航空航天有关的飞行器和发动机上，研究成果逐渐得到了俄国科学界的认可。加之在门捷列夫等人的帮助下，齐奥尔科夫斯基成了学会的会员，参与学会的活动使他不再是一个孤陋寡闻的"聋子"，而是在学界崭露头角、渐有名气。

齐奥尔科夫斯基使得"航天"走出了"天马行空、不着边际"的幻想，成为一门脚踏实地、可以实现的科学。在他的论文《利用喷气工具研究宇宙空间》中，阐明了航天飞行理论，描述和论证了火箭这种"喷气工具"可以作为宇宙航行的动力。之后，他又具体提出了火箭公式，计算了第一宇宙速度，提出利用火箭进行星际交通、制造人造地球卫星和近地轨道站的可能性，指出发展宇宙航行和制造火箭的合理途径，找到了火箭和液体发动机结构的一系列重要工程技术解决方案。他指出了火箭怎样才能冲出地球大气层，并指出多级火箭可以达到宇宙速度。他还相信向外星殖民的想法，认为这能使人类永久存在下去。从那时开始，"航天"成为人们心中可以真正实现的梦想，全世界的人都记住了这位大师的名言："地球是人类的摇篮，但人类不会永远被束缚在摇篮里！"

他一生出版了 500 多部关于宇宙航行的著作，包括科幻作品。他在科幻小说《在地球之外》中，设想的"宇宙游泳"、"宇宙枪"、在月面上降落的小型"着陆船"等，同现代宇宙航行的实际情况惊人地符合。图 2-1（a）是齐奥尔科夫斯基设想的火箭。

齐奥尔科夫斯基于 1903 年出版的《利用反作用力设施探索宇宙空间》是第一部从理论上论证火箭的论文。文中，他计算了进入地球轨道的逃逸速度是 8 km/s，论证利用液氧和液氢做燃料的多级火箭可以达到这个速度，见图 2-1（b）和（c）。

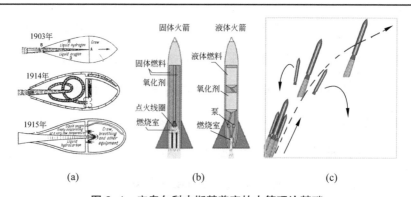

图 2-1　齐奥尔科夫斯基奠定的火箭理论基础

（a）齐奥尔科夫斯基设计的火箭；（b）固体火箭和液体火箭；（c）多级火箭

火箭的原理说起来简单，不就是反作用力嘛！就像人在射击的时候，子弹向前跑，枪托却往后顶的道理一样。的确如此，反作用力随处可见，你用手敲击墙壁，会将手敲痛，这是因为墙壁施加于手上的反作用力；地面上的许多运动也是利用反作用来实现的。当你认真分析多种运动机制后会发现，即使是由反作用力的原理而产生的运动，也有两种不同的方式。比如，考虑人在水中游泳的动作，是利用手臂、腿及身体的摆动，将身边的水向后推，同时水对人体产生一个向前的反作用力，使人向前运动。但是，乌贼或章鱼则有另外一种水中应急逃生时采取的运动方式，它们的身体内有一个储水的口袋，它会在身体紧缩时，将其中的水急速喷出，借助于这些水喷出时的反作用力，乌贼便会迅速作反向运动。总结以上两种反冲运动的规律，游泳人的反冲力是通过周围的介质间接获得，而乌贼的反冲力则通过自身喷水而得到。能在没有介质的太空中前进的火箭，其运动原理类似于乌贼，因此，人们常称乌贼为"水中火箭"。

喷气式飞机也是依靠尾部喷出高速气体的反冲力来使得机身向前运动。但喷气式飞机需要吸进周围的氧气才能燃烧。太空火箭的发动机则不仅需要自带燃料，还要自带氧化剂。因此，火箭的基本构造就是燃料加氧化剂。用固体燃料的为固体火箭，用液体燃料则为液体火箭，见图 2-1（b）。最早的中国古代火箭，使用粉末状火药固体，就是固体火箭的例子。从现代观点看，固体火箭和液体火箭各有优缺点。固体火箭的燃料容易长时间储藏和保存，可在任何时候点火发射，但火药一旦点燃，便无法停止，难以控制。液体火箭的液态氧和燃料需要低温储存，常温下容易蒸发为气体，不易保存。但液体火箭具有运载能力大、方便用阀门控制燃烧量等优点，特别是在齐奥尔科夫斯基和几个火箭研究先驱者所在的年代，被认为是实现太空旅行的最佳选择。

人们很早就有了"多级火箭"的想法，据说中国明朝（14 世纪）的"火龙出水"，算是最早的二级火箭雏形。因为火箭储料罐中的物质总是越用越少，罐子的质量却不减少，有什么必要携带着这些多余的质量而影响火箭的推力呢？人们自然地考虑将几个小火箭连接在一起，烧完一个之后丢掉，再点燃另一个。齐奥尔科夫斯基经过严格计算，系统地提出了人类如何使用多级火箭而进入太空的理论。

齐奥尔科夫斯基为研究宇宙航行和火箭发动机奠定了理论基础。但谁能把他的"现代火箭"理论变为现实呢？当年从美国和欧洲倒是走出了好几位热衷于火箭的实干者和冒险家，有人受尽冷嘲热讽不气馁，有人年纪轻轻为造火箭而献出生命，也有人一直活到90多岁，见证人类的登月之梦成为现实。欲知他们姓甚名谁，且听下回分解。

美国物理学家罗伯特·戈达德（Robert Goddard，1882—1945）比齐奥尔科夫斯基晚出生 20 多年，却同样因为科幻小说的影响而迷上了太空。除了凡尔纳之外，当年还有一部威尔斯的科幻小说《星际战争》，也对戈达德影响极深。对科学着迷的少年往往会在经历某个平常事件的一瞬间，好像突然开窍，有时还伴随着闪亮的思想火花，明白甚至确定了自己毕生的目标和志向。牛顿看见苹果落地，爱因斯坦想象自己随光飞行，大概都属此种情形。戈达德的这一幕发生在他 16 岁的时候爬上家里的樱桃树，看到宏伟浩瀚的天空景象的那一刻，那迷人的太空奇景一定对他的心灵产生了巨大的震撼，以至于他从树上下来之后，感觉自己完全变了一个人，已经不是原来的那个懵懂少年，从此立志把自己的生涯定位在研究太空上。有意思的是，戈达德甚至毕生保存着那棵樱桃树的照片，并且永远记住了这个日子：1899 年 10 月 19 日。

虽然喜爱凡尔纳的科幻小说，戈达德和齐奥尔科夫斯基都很早就认识到，书中描写用大炮将人送入太空的想法是不可取的，唯一能达到这个目的的运载工具应该是火箭。因此，少年戈达德"立志太空"的愿望转变为将自己献身于火箭事业。但戈达德却不如齐奥尔科夫斯基幸运，制造火箭的试验长期不被人们理解，甚至遭遇不少讥讽和嘲笑。

戈达德在他的出生地——马萨诸塞州读完物理方面的本科和博士之后，在该州的克拉克大学任教，终身进行他的火箭研究，他的早期火箭实验也大都在家乡马萨诸塞州进行。他从实验固体火箭开始，到后来集中精力制造液体火箭，持有两种火箭的专利。

戈达德不喜欢纸上谈兵。为了通过实践证明火箭真的能在真空中产生推力，1912年，他成功地点燃了一枚放在真空玻璃容器内的固体燃料火箭。1915年的一个傍晚，克拉克大学校园宁静的夜空中突然出现一道明亮的闪光，接着是一阵爆炸声和嘈杂的人声，导致校园内警报声大作，惊慌的学生们后来方知这是戈达德教授进行的第一次火药火箭测试。戈达德后来曾经表示，对于那次实验没有造成伤害而感到安慰。

之后，戈达德得到了少量资金，伍斯特理工学院允许他在校园边缘的一处废弃空地上做实验。但是讨厌的媒体却经常嘲笑和歪曲报道他的工作，使得他似乎感到有些"声名狼藉"。他对自己的研究过度进行保护，也不愿意与周围同行交流。但他仍然坚持不懈地继续研究，从1920年开始研究液体火箭，认识到液氢和液氧是理想的火箭推进剂，截至1941年，戈达德共获得了214项专利。

1926年3月16日，在马萨诸塞州一片冰雪覆盖的草地上，戈达德和妻子以及两名助手成功发射了世界上第一枚液体火箭，这个发射地点后来成为美国政府官方指定的国家历史地标。这枚液体火箭长约3.4 m，发射时重4.6 kg，空重为2.6 kg，见图3-1（a）。飞行延续了约2.5 s，最大高度为12.5 m，飞行距离为56 m。当然，这些数值离登月还差十万八千里，但在当时却是一次了不起的成功。它的意义正如戈达德所说："昨日之梦，是今天的希望，明天的现实。"

戈达德的名声虽然已经被世界各地的火箭爱好者所知，但当地的媒体却依然继续调侃嘲讽他。

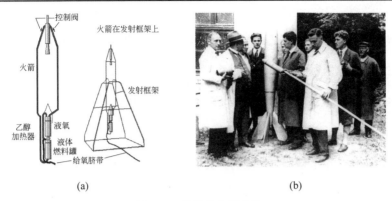

图 3-1 戈达德和奥伯特

（a）戈达德 1926 年发射第一个液体火箭；（b）奥伯特（中间）研制火箭，右二是布劳恩

《纽约时报》的记者们甚至嘲笑他连高中物理都不懂，却整天想着星际旅行，还给他起了个外号"月球人"。戈达德在 1929 年进行一次试验后，当地的报纸报道此试验时的标题竟然是"月球火箭错过目标 238799.5 英里"[①]，这个数字大约就是月地间的距离嘛，以此来挖苦他的月球火箭错射到地球上来了。

我们在第 1 节中介绍的布劳恩，到美国后回答美国同行有关液体火箭的问题时困惑地表示："你们不知道戈达德吗？我们的液体火箭都是向他学来的，他才是我们的老师。"正是：可恶媒体不懂行，讥讽嘲笑又夸张，火箭专家志登月，墙内开花墙外香。

布劳恩早年在德国时的真正老师是赫尔曼·奥伯特（Hermann Oberth，1894—1989），火箭技术的另一位奠基者。奥伯特就曾经写信给戈达德索要论文。戈达德从 1930 年至 1945 年去世，其间进行过 31 次火箭发射，精神可嘉但技术上的进步不大，没有一次达到 2.7 km 以上，之后更被德国"二战"期间的火箭

① 1 英里 =1609.344 米。

研究所超越。

赫尔曼·奥伯特比戈达德又小了十几岁，但他在航天理论和实践上都做了不少杰出的独立贡献，被认为是继齐奥尔科夫斯基和戈达德后又一位宇航学和火箭学先驱。他直到 1989 年 95 岁高龄才去世，是真正见证过美国"土星五号"运载火箭发射，以及了解"阿波罗"登月进程的航天老前辈。

航天研究之路不是那么好走的，奥伯特在 14 岁的时候就设计了一个反冲火箭，使用排出的废气来推动火箭。但后来他的关于火箭科学的博士论文却因为"天马行空，脱离现实"而被权威们驳回（1922 年）。但奥伯特坚持自己的信念，不愿为得到学位而另发表一篇文章。他自信地认为即使没有博士学位，自己也能成为一名优秀的科学家，有什么必要仅仅为了迎合主流、获得博士学位而做违心之事呢？由此他也批评当年德国的教育体制如同"一辆拥有大功率尾灯的汽车，能照亮过去，却不能启迪未来！"无独有偶，奥伯特也和俄国的齐奥尔科夫斯基一样，很多时候依靠当中学教师来维持生计。

之后奥伯特将他有关航天的思想写成《飞往星际空间的火箭》发表，仍然未能引起科学家的重视。但普通公众对航天的热情有时候大大高于因为务实而表现冷淡的学术界，各层次的读者竞相购买此书，第一版很快就销售一空。但这并非奥伯特的愿望，他仍然在等待科学界的承认，方能更为顺利地进行他感兴趣的固体火箭研究工作。

有位著名导演（弗里茨·朗）要拍摄《月亮夫人》的电影而聘请奥伯特作为科学顾问，这件事给奥伯特带来了希望。因为为了宣传效果，在电影首映礼的同时，有可能制造和发射一枚真正的火箭，这成为奥伯特的一项重要任务，他也可以借此为火箭研究筹备更多的资金。电影首映式空前成功，但奥伯特却懊恼无比，因为他设计的火箭没有成功发射，原因是奥伯特和他的助手都缺乏机械方面的训练。

不过奥伯特关于宇宙航行的书却再次获得成功。在这本书的激励下，不少航天爱好者组建了"德国星际航行协会"，奥伯特成为重要的会员，并且他的火箭实验也于 1930 年取得了第一次成功。这次有了各方面人才的帮助，包括冯·布劳恩在内。布劳恩那时才 18 岁，刚刚加入航天协会便崭露头角，见图 3-1（b）。试验进行了 90 s，产生了约 70 N 的推力，进步明显但却还不足以使火箭飞离地面。

除了几位火箭先驱的工作之外，当年这些航天协会一类的民间组织对航天事业的推动是功不可没的。比如刚才所提及的德国星际航行协会，是由温克勒和法利尔创建的，温克勒是一名航空工程师，马克斯·法列尔（1895—1930）实际上是奥地利的火箭先驱，也是一位科普作家。他非常欣赏奥伯特的著作《飞往星际空间的火箭》，并将它改写成了一本更为通俗的作品，取名《冲入太空》。之后另一位年轻人，学生物的大学生威利·李又改写了一个自己的版本。这几个人后来成为德国星际航行协会最活跃的骨干分子。

法列尔 35 岁时在一次火箭试验中牺牲，详情请看在第 27 节中的介绍。

除了德国的航天协会外，还有美国火箭协会、英国星际航行学会等，也都对航天发展有所贡献。但无论如何，航天理论的祖师爷齐奥尔科夫斯基是俄国人，他的祖国或他的民族也应该有他的追随者和继承人吧？答案是肯定的，这些人是谁呢？且听下回分解。

第 4 节
委以重任科罗廖夫　举世无双冯·布劳恩

齐奥尔科夫斯基在苏联的追随者不止一个，其实有一批。从 20 世纪初这位航天之父发表他的著名理论后，到"二战"之前，苏联也和当年欧洲的其他几个国家类似，激励了不少航天科幻小说和航天爱好者组织了航天协会等火箭研制团体，涌现出了一批火箭专家，并成功地发射了液体火箭和火箭飞机。不过，我们在这里只代表性地介绍一个人。

话说当年德国的 V2 导弹专家布劳恩带着一批人投降了美国，使美国受益匪浅。当然，除了火箭专家之外，重要的还有火箭研发基地。那块地盘原来是划归苏联托管的，但美国不甘心，组成了一个突击队，将基地近百枚的 V2 火箭以及相关设备几乎抢运一空，当苏军在后来抵达的时候，只看到一座座空空荡荡的工厂。苏联只好忍气吞声地捡了点"残渣剩饭"，将一些留守的二三流科学家及家属和剩余的研究设备运往苏联本土，进行火箭开发。

据说斯大林闻及此事曾对谢洛夫将军等人大发雷霆："不是我们首先打败纳粹、占领柏林，还有佩纳明德导弹基地吗？怎么现在美国却得到了这些专家呢？"为了安抚这位独裁者，有人暗地里提醒说："不要紧，火箭专家我们自己也有的！"是啊，斯大林这才想起了在 1933 年，苏联的确成立过一个火箭研究所，在 1938 年的劳动竞赛中，还研制出了著名的"喀秋莎火箭炮"、火箭飞机等，后来用于实战效果不错，对战斗的胜利起了很大的作用。不过，斯大林有些纳闷：记得在 1938 年，这个火箭研究所的几个领导已经在"大清洗"中被我镇压枪决了，难道现在要到阴间去找回他们不成？

手下人看出了斯大林的疑惑，赶快报告说，当初的火箭研究所里还有一个叫科罗廖夫的副所长，他才是全面负责技术工作的人才啊！大清洗运动中他也是被判了死罪的，所幸没有立即执行，这个人在西伯利亚做了几年苦工之后，现在正在一个监狱工厂里为我们研究和设计火箭呢！听到这里，斯大林僵硬的脸上才露出了一丝丝笑容……

谢尔盖·科罗廖夫（1907—1966）生于乌克兰，因父亲早逝、母亲改嫁，小时候生活坎坷，没能进入正规中学念书。但他痴迷于飞上太空，在飞机工厂中半工半读时，得到著名的飞机设计师图波列夫的赏识和指点。后来，科罗廖夫成为一名滑翔机设计师和驾驶员，并在齐奥尔科夫斯基的影响下，将他的志向转为研究火箭和航天，由于在研制火箭的协会中崭露头角，被任命为副所长，后来便有了刚才所述的被清洗到西伯利亚监狱坐牢之事。

图波列夫可算是科罗廖夫命中的"贵人"，少年时将他带上航空航天之路；后来，斯大林对知识分子进行政治镇压和迫害时，图波列夫自己也受到牵连，但是因为"二战"的缘故，苏联太需要飞机了，也太需要像图波列夫这种研究飞机的人才，因此才将图波列夫从无期徒刑监牢里释放出来为苏联研究飞机对抗希特勒。图波列夫得到自由后又使尽全力将科罗廖夫脱离死牢，最后推荐他在研制火箭中担任重任，为苏联发射了第一颗人造地球卫星，成为载人航天的开创者。

虽然苏联从德国捞到的油水不如美国那么多，但苏联雄厚的科技实力和俄罗斯民族的大国气概帮助了他们。苏联毕竟是航天之父的故乡，这位伟人早已于 1935 年去世，但他的弟子无数，影响尚存。特别是现在有了科罗廖夫，斯大林不担心了，战争刚结束便派他到德国去考察 V2 导弹基地的情况，因为斯大林对德国造出的从远处直攻英国本土的"那有趣的玩意儿"印象颇深。战后的世界局势会如何发展呢？原来的同盟国很难再"同盟"下去，丘吉尔和杜鲁门那两个家伙看来是要"结盟"对抗社会主义阵营的，苏联这个"老大哥"当然首当其冲。斯大林清楚地知道，不管"冷战""热战"，重要的还是过硬的实力，一定要有自己的独门功夫才行，否则你就只能成为杜鲁门所言的"听话的乖孩子"。"冷战"与"热战"唯一不同的是："热战"中的实力帮助赢得战争，"冷战"中的实力起到威慑对方的作用。如今，美国手握原子弹，世界已经见识了其威力，这玩意儿我们苏联当然也得有！所以，看起来，研制原子弹和洲际导弹是目前的当务之急啊！

弹道导弹的研制也最好从模仿现成的 V2 开始。好在苏联也俘获了一批这方面的德国专家，他们和科罗廖夫一起工作了一两年之后，终于把 V2 发射出来了。这时候，苏联领导觉得德国专家还留在这儿碍事。导弹火箭已经不需要他们帮忙了，这些人反而有里通外国、潜伏起来成为间谍的可能性，于是便将他们全数送回了德国。

却说在美国这边，根据原来的约定，冯·布劳恩等 100 多名研制 V2 导弹的专家们为美国工作 1 年之后便应该是来去自由，但实际上他们绝大多数都长期留了下来。美国本来就是移民国家，对有一技之长的专家学者，更是来者不拒、多多益善。这批人感到在美国工作待遇不错，能用其所长，所以愿意长留，他们后来为美国航天事业做出了不朽的贡献。

如此一来，苏联和美国都有了自己的火箭队伍及其领军主帅，促使那一段时间内（大约 10 年）对液体火箭的研究发展迅速，双方都很快重新试射了 V2

导弹，并在它的基础上研发成功了中程导弹。但是，令当时苏联领导人赫鲁晓夫感到很不爽的一点是，美国将中程导弹部署在欧洲国家，其射程可以到达苏联。但苏联却没有控制任何用中程导弹能打到美国的地区。这个差别激励苏联下决心尽快研发出洲际导弹。当时被任命为弹道式导弹总设计师的科罗廖夫不计前嫌，本着科学家热爱祖国的满腔热忱，不辞劳苦地与专家们一起日夜奋战，取得了一连串的丰硕成果。最后，苏联于 1957 年 8 月 3 日，宣布第一枚洲际导弹（P-7 或 R-7）发射成功。一年多之后，美国也很快跟上，成功发射了他们的第一枚洲际弹道导弹"SM-65 宇宙神"。不过，又有了洲际导弹安放于何处的问题，当然是离敌方越近越好。再者，赫鲁晓夫喜欢张扬，他不愿意将闷气憋在肚子里，有机会就要发泄，于是导致了 1962 年的古巴导弹危机，成为"冷战"的顶峰和转折点。

苏联的 R-7 和美国的宇宙神都是在纳粹的 V2 导弹基础上改进的，十几年的努力不会白费，推力和射程比起 V2 导弹大大增加了，见图 4-1。

于是，到了 20 世纪 50 年代末，苏联和美国都有了核武器，也有了能够将它们互相送到对方家里去的洲际导弹。北极熊和白头鹰谁也不怕谁了！虽然谁

名称	V2	R-7	SM-65 宇宙神
国家	德国	苏联	美国
时间	1944年	1957年	1958年
射程	320 km	9000 km	14480 km
负载	980 kg 炸药	300万当量核弹头	400万当量核弹头

图 4-1　德国、苏联、美国早期导弹（火箭）技术比较

也不想首先挑起战争，但都有了能够威慑对方的武器作为资本握在手里，双方暂时相安无事。

这种情形下，两方的科学家都不约而同地想起了他们儿时的梦想，也就是他们当年研发火箭的初衷：飞到太空去！实际上，不论是科罗廖夫，还是冯·布劳恩，由他们研制成功的火箭都已经飞上了太空的高度（100 km），再做一些改进便可以将航天器送上天，而不是将核弹头送到地球某处去杀人。

那么，什么是最先考虑送上天的航天器？送到哪儿去呢？且听我们下回分解。

除了地球之外，人类最熟悉的天体是太阳和月亮。太阳热气腾腾只能敬而远之，月亮则是一个宁静安详的亲密伙伴，犹如一名守卫着地球的士兵，人类亲切地称它为"卫星"。那么，我们是否首先可以发射一个人造物体，如同月亮那样绕着地球转呢？这个人造物体可以带上需要的仪器设备，代替人类从高处来观测地球、监控大气，研究地磁场以及海洋、潮汐、太阳黑子等，为我们提供各种服务，真正达到"守卫"地球的目的。也就是说，能否发射"人造卫星"？

肯定的答案早在 1687 年就被物理先驱牛顿给出。根据万有引力定律，任何两个物体之间都存在互相吸引的力，苹果下落、月亮绕圈，都是同一种力在起作用。地球绕着太阳转，月亮绕着地球转，但为什么会一个绕着另一个转，而不是像苹果那样掉到地面上呢？是因为它们有一定的速度（注：本书中经常使用"速度"一词，实际上指的是速率）。如果没有引力，被抛出的物体将顺着它的速度方向作直线运动，引力使它从直线偏离。比如说，我们从地面上抛石头，石头走的是曲线不是直线，因为地球对它的引力使它从直线偏离。

牛顿在认真研究引力问题时，设想了一个用"牛顿炮"发射人造卫星的思想实验。如图 5-1（a）所示，位于高处的牛顿炮沿着水平方向射出一发炮弹，炮弹的初速度越大，便能够射得越远。速度小一些的时候，炮弹射到 A 点；如果

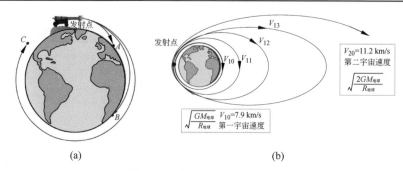

图 5-1　人造卫星和宇宙速度
（a）牛顿炮预言人造卫星；（b）宇宙速度

加大速度，炮弹便能到达更远的 B 点；如果速度大到一定的数值（V_{10}），便有可能使炮弹绕过地球半径到达 C 点并且不再回到地面上，而是环绕地球作圆周运动。

能够使得抛射物体环绕地球作圆周运动的速度的数值，与发射点在地球表面的高度 h 有关，如果 $h=0$，$V_{10}=7.9$ km/s，叫作地球表面的第一宇宙速度。

设想发射点的高度不变，但抛射物体的速度继续增大，例如速度为图 5-1（b）中的 V_{10}、V_{11}、V_{12}、V_{13} 等，抛射物体仍然绕地球转圈，作周期运动，但轨道变成椭圆。速度越大，椭圆越扁。即轨道的偏心率越大，意味着椭圆的长轴越长。当速度大到某个数值 V_{20} 时，长轴变到无穷大，也就是说，抛射出去的物体不再回到地球附近。这个使得物体"挣脱"了地球引力束缚的最小速度 V_{20} 为第二宇宙速度，它的数值是 11.2 km/s。如果速度再增加的话，物体有可能挣脱太阳的引力，飞出太阳系，那个极限速度叫作第三宇宙速度。与地球引力场有关的，只是第一和第二宇宙速度。以这两个速度之间的速度发射的物体，将类似于月球，理论上来说，不需要额外的动力就会永远围绕地球转圈，即成为地球的人造卫星。

当时科学家们建议发射人造卫星的呼声，也正好迎合了东、西两方政治家们的野心。"二战"之后世界力量重新组合，基本上是不打明仗来点"冷战"，双方的原子弹导弹暂时都是放在家里吓唬人的东西，如果能首先发射一颗人造卫星，不但显示国力，也应该还有真正的用途。20 世纪 50 年代初期，英美各国的科学家们就开始在学术刊物上研讨相关问题。1955 年 7 月 29 日，美国总统艾森豪威尔颇有些得意扬扬地宣布说："美国将于 1957 年发射第一颗人造卫星！"在一个星期之后，苏共中央同意了科罗廖夫几年前有关人造卫星计划的建议。不过，苏联人善于保守秘密，美国人又大而化之，对苏联"太空计划"之细节不得而知，也从未听过科罗廖夫的名字，搞不清楚谁是苏联火箭技术的领导人，只称呼他为"主任设计师"，并且由此而小看了苏联的科技力量，总以为自己在导弹和宇航领域上理所当然地站在最前沿。

不料苏联却在 1957 年 10 月 4 日，给美国人投下了一颗重磅炸弹。苏联在 8 月 26 日成功发射洲际导弹后不到一个半月的工夫，就宣布发射了第一颗人造卫星"斯普特尼克 1 号"（Sputnik Ⅰ），见图 5-2（a）。

苏联抢先发射人造卫星的消息，的确是一颗"心理炸弹"，投在了美国政府、

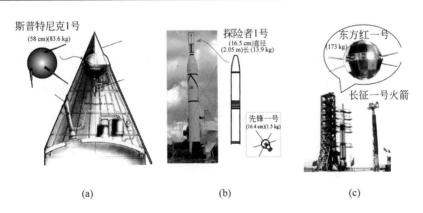

图 5-2　苏联、美国、中国的第一颗人造卫星

（a）苏联于 1957 年 10 月发射世界上第一颗人造地球卫星；（b）美国的第一颗人造卫星（比苏联晚了 4 个月）；（c）中国第一颗人造卫星（发射于 1970 年）

媒体、民众、科学家的心上。媒体一片嘲讽，科技界人士沮丧，老百姓则有些惊慌，以为美国如今"技不如人"，安全会受到威胁。虽然艾森豪威尔及时地于10月9日发表电视演说，祝贺苏联的成就，并解释本国卫星研究的现状，保证美国没有安全问题，但股票市场仍然遭受重创，道琼斯指数从3日的465.82点，跌到22日的419.79点，3周内跌幅近10%。这个事件拉开了美苏太空竞赛的帷幕。

事实上，当初美国是有可能首先发射卫星的，但他们错误地估计了形势，自以为是。美国曾经在"斯普特尼克1号"发射之前尝试过两次发射人造卫星，但由于种种原因均告失败。况且，在这种大项目上，资本主义国家那种多条渠道分散科研的体制，显然没有集权制度来得有效。不过，这也激起了美国决策人员的重视和警惕，并改进了诸多科技方面的措施。比如说，美方技术人员在两天内便计算出了"斯普特尼克1号"的轨道；1958年，美国成立了美国宇航局（National Aeronautics and Space Administration, NASA），正式开启了一系列的航天计划；美国人开始重视教育，教育界人士想，我们怎么会落在苏联之后呢？可能是数学训练不够所致。因此，他们推动了新数学运动，要培养出一流科技人才。此外，国家科学基金会的设立，使科学界意外地获得了大量研究资金。

美国人如此不甘示弱，在4个月后，便也成功地发射了人造地球卫星"探险者1号"，见图5-2（b）。第一颗人造卫星的意义主要是象征性的，从图5-2中的尺寸比较，两方第一颗卫星的本体都不大，"斯普特尼克1号"是球形，"探险者1号"是长形，但前者的质量大（83.6 kg），差不多是"探险者1号"质量的6倍。第一颗卫星看起来都只像是个简单的玩具，关键设备是能够将它们加速到第一宇宙速度（7.9 km/s）、推上"天"去的运载火箭。推动"斯普特尼克1号"的火箭叫作R-7，推动"探险者"的火箭叫作"朱诺I火箭"（注意：与NASA

在 2011 年发射的木星探测器重名）。卫星虽然小巧玲珑，发射它们的火箭却都是庞然大物，火箭的尺寸，即高度和直径，都是卫星的 10 倍左右，质量达到几十吨。两个庞然大物分别由两方的首席火箭专家科罗廖夫和布劳恩设计。

科罗廖夫大胆采用三节捆绑式 R-7 火箭，成功地将世界上第一颗人造地球卫星"斯普特尼克 1 号"送入轨道。卫星上配有两台无线电广播发射器，它们持续工作了 23 天，连续不断地将"beep"的声音从太空传送给地球，让全世界的人对苏联不得不刮目相看。这无疑是科学上的重大成果，但是，设计者科罗廖夫的名字却不为人所知。据说诺贝尔奖委员会曾经有意为第一颗人造卫星颁奖，问到谁是设计研制者时，赫鲁晓夫回答："是全体苏联人民！"诺贝尔奖不发给如此巨大的集体，那这个奖当然就无人可颁了。

紧接着，苏联又做出了一系列的第一名，使社会主义阵营脸面增光、扬眉吐气。1957 年，人造地球卫星 2 号带小狗"莱卡"进入太空。"莱卡"是第一个在太空条件下生活过的生物，它只在太空存活了数小时便因中暑而死，所以也是动物中的第一个太空飞行牺牲者。1958 年，苏联成功地发射了第一颗科学卫星（"卫星 3 号"）；1959 年发射了"月球 1 号"探测器，标志着人造物体首次脱离地球轨道……

有意思的是，美国人总不接受教训，也学不会对他们认为是民用的航天计划来点"保密"措施。他们提前宣布在 1961 年 5 月上旬要把美国人送上太空。要知道苏联对此也是早就"万事俱备只欠东风"了。不过，那个年代的苏联在航天相关研究过程中出了一次大事故（本书在最后一章中有所介绍）。炮兵元帅被炸死的阴影还在赫鲁晓夫的脑海里挥之不去，但最后在科罗廖夫的坚持下，苏联终于又抢先了一步。1961 年 4 月 12 日，苏联人加加林成为首次进入太空的人，他乘坐"东方一号"飞船，绕地球一圈，在太空逗留了 108 min 并安全返回地球。那天，焦虑不安地在电话旁守候了一个多小时的赫鲁晓夫听到铃声后抓起电话，第一句话是："先告诉我，他是否活着？"

听见了肯定的答案后，赫鲁晓夫心中的石头落地，冒出第二句话："让他高兴高兴吧！"

赫鲁晓夫问话中所担忧的加加林依然活着。不过他在短短的太空之行中险象环生，他的飞船呼啸翻滚着降落在离预计目标甚远（400 km）的一片草原上，将地面撞出了一个大坑！他自己倒是幸运，从飞船中被弹射出来后，他撑着降落伞平稳地落在了一块软绵绵的耕地上。

加加林身穿橘红色宇航服，个头不高，1.57 m。据说挑选小个头的加加林担此重任也是科罗廖夫精心考虑过的，以便更容易被塞进空间有限的飞船中。话说这位宇航员扒开被风吹得飘飘摇摇的降落伞，安然无恙地站起来后，立刻凭直觉认出了这里仍然是祖国苏联的领土。这是第一件大好事，因为根据预先设置的命令，如果降落在敌对国家的话，就得考虑引爆预先设置的炸弹，来个"光荣牺牲"，以避免背上"叛逃"的嫌疑。奇装异服的加加林朝正在耕地上劳动的一对母女走过去，一开始吓坏了她们。但最后，加加林在母女的帮助下，赶快打电话给莫斯科报告了这个喜讯，也立即高兴地得知了他已经被命名为"苏联英雄"并且军衔连升两级、成为少校的好消息。

加加林上天，实现了齐奥尔科夫斯基的名言："地球是人类的摇篮，但人类不会永远停留在摇篮里。"世界各地的媒体都报导了这个消息，满面笑容的苏联人加加林代表人类，第一次离开了"摇篮"！

3个星期之后，美国也用"水星号"将第一个美国人阿兰·谢泼德送上了太空，但终究还是又一次错失了第一名。并且，这个美国的第一次载人太空旅行只是一次弹道似的，没有进入地球的轨道，飞行时间总共只有15 min 22 s。

　　这些为人类登月进行准备的航天活动中，苏联都走在了美国的前面，可惜好景不长，1969 年至 1970 年的"阿波罗计划"为美国打了一个翻身仗。

　　苏联人为何没有登上月亮？美国人的月球计划是怎样取得成功的？月亮的运动有何特点？作者将在下一章中慢慢道来。

第2章

登月之路

"纵令奔月成仙去,且作行云入梦来。"
———唐·包何

第 6 节

古月依然照今人　犹抱琵琶半遮面

文人都喜欢用月亮做文章，古代诗词中咏月的句子多不胜数。张九龄《望月怀远》："海上生明月，天涯共此时。"李白的名句："今人不见古时月，今月曾经照古人。古人今人若流水，共看明月皆如此。"都脍炙人口，广为流传。

有人说：无论您是哪个民族、哪国人，无论您身在何处，我们看见的都是同一个月亮。这句话有科学味！还可以说得更具体一点：所有的地球人看到的不仅仅是同一个月亮，并且都是月亮的同一张"脸"！无论谁，只要他是在地球上拍摄月亮的照片，拍出的总是图 6-1 中左边所示的"正面"像（或者正面像的一部分）。他不可能看到类似于图 6-1 所示的月球"背面"，那是直到 1959 年，苏联的人造卫星（"月球 3 号"）上天后才第一次拍摄到的。"月球 3 号"在飞过月球背面时发回了 29 帧图像，覆盖了月球背面 70% 的面积。后来，"月球 3 号"

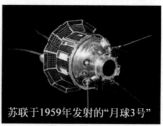

月球正面　　　月球背面

苏联于1959年发射的"月球3号"

图 6-1　月球的两面（图片来源：NASA）

自己也成为地球的一颗卫星。

也就是说，月亮对地球总是羞羞答答地"犹抱琵琶半遮面"。月亮的这种古怪行为中暗藏着哪些秘密呢？

1. 潮汐和潮汐锁定

月球是绕着地球旋转的天然卫星，如果月亮绕地旋转时只有公转没有自转，情况就像图 6-2（a）左边所示，地球上不同的地点可以看见月亮的不同部分。但是，如果月亮在公转的同时也在自转，如同图 6-2（a）右边所示那种情形的话，则从地球上的任何一个点都只能看见图中月亮白色的一面，而无法看见蓝色的一面，这就叫作月球被地球"潮汐锁定"。

月球的这种现象，和我们通常所说的"海洋潮汐"有什么关系呢？

地球上海洋的潮汐现象是月球对地球的引力产生的。太阳引力也会在地球上产生潮汐，但由于距离远故而影响较小。如果只考虑地月系统的话，可以说，潮汐是因为月球对地球各个部分的引力不同而产生的。

将牛顿万有引力定律应用于研究天体的运动时，主要从两个关键的方面来探讨。一是天体质心的运动轨迹，即将每个天体看成一个点，来研究它们的轨

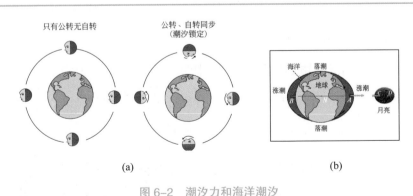

图 6-2　潮汐力和海洋潮汐

（a）月球的潮汐锁定；（b）月球引起地球海洋涨潮、落潮

道运动。比如所谓的"开普勒问题"，便是将两个天体作为质量集中的两个点来研究，并不考虑它们的尺寸大小。但是，实际上的天体并不是"点"，而是具有"尺寸"的。因此，天体间的引力不仅仅影响到它们的轨道，也影响到天体自身绕其质心的旋转运动，这便是万有引力用于天体力学的第二个重要方面。

万有引力随着距离的增加而减小，距离越近引力越大，距离越远引力越小。地球有一定的体积，某种条件下可以当作一个球体而不是一个点。因此，月球与地球上不同部分的距离不同，引力也不同。如图6-2（b）所示，月球对地球上A点附近海水的吸引力要大于对B点附近海水的吸引力，因为A点距离月球更近。引力不均匀的结果使得地球上海面在月地连线的方向上"隆起"，形成潮汐现象。后来，"潮汐"这个名词被推广到泛指"因为引力对物体各个部分作用不同"引起的某些效应。

月球对地球的潮汐力引起地球上的"涨潮落潮"。反过来，地球对月球也有潮汐力，比如说，图6-2（b）中月球上的C点和D点，地球的引力在这两点有不同的数值：C点离地球更近，受到的引力要比D点更大。不过，因为月球上没有海洋，不会有与地球类似的海洋潮汐现象，而是使得月球的形状稍有变化：在沿着地月连线的方向上变得更长，横向则收缩，月球成为一个椭球形，如图6-2（b）所示。假设月球没有自转只有公转，公转使月球平移到图6-2（b）（或者图6-3（a））中右上方的位置，这时，潮汐力（地球在C和D点的引力差）产生一个使椭球形的月球绕自身中心逆时针旋转的力矩，也就是说力矩的作用将使月球转回到与地月连线一致的椭球轴。如果月球原来就在自转，并且自转速度大于公转速度，力矩的作用方向则相反，最后的结果都是趋向于"自转周期等于公转周期"的同步状态，或称"锁定"在以同一张"脸"对着地球的状态。

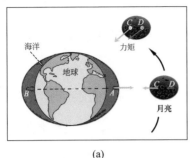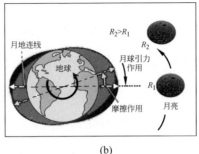

图 6-3　潮汐力影响月球、地球的运动

（a）潮汐力影响月球自转；（b）潮汐摩擦力改变角动量

2. 月亮正在远离地球

月地系统中的引力潮汐作用还有另一个效果：月亮和地球将会相距越来越远，或者说，月亮正在逐渐远离地球。这个现象与地球的自转周期及月球的公转周期有关系。

地球自转周期大约为一天，月亮公转的速度就小多了，大约一个月才绕一圈。因为潮汐力，地球的海面沿着地月连线方向鼓起来。如前所述，地球自转超前月球公转，地球将这个"潮汐隆起"带到与地月连线偏离一个角度的位置，见图 6-3（b）中的地球周围情况。这时候有两种力在互相抗衡：海水与地表的摩擦力企图使"隆起"紧跟上地球自转的步伐，而月球对地球的引力却仍然沿着原来"隆起"的方向。因为两者速度的不同，使得月球引力对地球自转有一种"拖曳"的作用，摩擦力发热产生耗散，结果使地球自转的能量和角动量减少。从角动量守恒的角度看，地月系统的总角动量是守恒的，地球自转角动量的减少将使月球的轨道角动量增加。

轨道角动量 $L=mvR$，是月球质量 m、轨道线速度 v 和轨道半径 R 的乘积。卫星绕行星运动的速度 v 与轨道半径 R 的平方根成反比，因此，轨道角动量便

与 R 的平方根成正比。所以，月亮轨道角动量的增加意味着更大的 R，也就是说，月亮轨道半径将越来越大。总之，潮汐力和潮汐摩擦的共同作用，使得地球自转越来越慢，同时将月亮越来越往外推。

当然，这种效应是非常微小的，以至于我们平时完全感觉不到。多微小呢？大约是每 100 年地球自转的周期（1 天）将会变慢 1.6 ms。你当然不会在乎如此小的变化，不过，月球轨道的增加听起来给你的印象可能要深刻一点：每年增加 3.8 cm 左右。并且，这个距离变化可以使用"阿波罗"宇航员安置在月球上的反射镜较为准确地测量出来。每年增加约 4 cm，100 年就要增加 4 m 左右。在大约 5000 年的中国历史中，这个距离已经增加近 200 m 了。看来，前面说过的李白名句："古人今人若流水，共看明月皆如此。"好像不那么正确啊！古人看到的月亮比当今的月亮更大，古人观察到的日全食，要比现在的遮挡得更完整。而多年后的"未来人类"，恐怕就只能看见日环食了。在 6 亿年之后，地球和月球的距离会增加 23 500 km，从那时开始，即使月球在近地点，地球在远日点，也将会因为月球离地球太远而不再发生日全食。当然，月球实际轨道平均半径是 3.84×10^5 km，6 亿年的改变为 6% 左右，仍然是个小数目。

3. 如果月球公转比地球自转快

这不是月球和地球的真实状况，但却可能是某个其他卫星的情形，因此我们也凭假想来简单讨论一下。

根据卫星绕行星运动的规律，公转速度越大，轨道半径就越小。月亮现在的公转周期为 1 个月，设想它的速度在短时间内突然迅速加快，其轨道半径将从 3.84×10^5 km 变小，变小，一直小到 4.2×10^4 km 左右。那时候，月亮绕着地球转 1 圈只需要 1 天。我们的一年中不再有 1 月到 12 月，只有一天又一天。月亮变成了地球的同步卫星，不再有阴晴圆缺，我们每个时刻都看到一个同样的月亮，有的地方看得到，有的地方看不到！然后，假设月球的公转速度固定在比地球自转稍快的某个状态，我们再来重新考虑图 6-3（b）中潮汐产生的摩擦力对地月系统的影响。这时图中的方向都得反过来，因为卫星的公转周期短于行星的自转周期，潮汐水峰将加速行星（地球）的旋转，而使得卫星（月亮）的角动量和能量减小，因而行星不会向外推卫星而是将卫星朝自己身边拉。最后，卫星会落到行星上面。

4. 地球为什么不对月球锁定

月球的自转、公转周期被同步锁定，因而月球只有一面对着地球。在刚才的解释中，如果我们将月球和地球的位置互换，同样的道理也应该适用于地球，但地球却不是只有一面对着月球的，这又是为什么呢？地球为什么没有被月球的潮汐力"锁定"呢？

不难想象，问题的答案一定与月球和地球的相对大小有关。大的容易影响和控制小的，小的就不容易影响大的了。具体来说，"潮汐锁定"是需要时间的，只是逐渐锁定，不会瞬间完成。星体越大，被锁定所需的时间就越长。实际上，刚才的分析中提到的地球自转速度逐渐变慢，是和趋向锁定的变化方向一致的。

两个天体能够多快互相锁定的问题，取决于两个天体质量之比。在太阳系行星的卫星中，月球与地球的质量比是最大的：质量是地球的 1/81（1.2%）。但如果也考虑"矮行星"的话，就比不过冥王星的卫星卡戎了。卡戎与冥王星的比例更大一些，质量比为 11.65%。这个大小比例使得两者的共同质心已经完全在冥王星之外。所以，有人认为卡戎不应该被看作是冥王星的卫星，而应该将两者看作一个都绕着质心旋转的双（矮行）星系统。卡戎与冥王星就是处于互相都被潮汐锁定的状态，它们俩以 6.387 天的周期互相绕圈跳着双人舞，并且永远以相同的"脸"遥遥相对，谁也看不见谁的后脑勺，见图 6-4（a）。

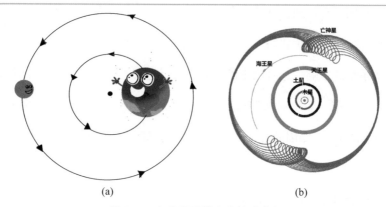

（a）　　　　　　　　　　　　（b）

图 6-4　自旋相互锁定和轨道共振

（a）卡戎和冥王星相互自旋锁定；（b）亡神星与海王星的轨道共振

5. 轨道共振

月亮自转、公转同步的现象，类似于一种共振，称之为自旋与轨道间的"引力共振"，或自旋轨道共振。月亮的共振是属于自转公转周期比为 1 ：1 的情形。天体运动中也观察到很多其他比值的自旋轨道共振。比如说，水星的自转与其绕太阳公转周期的比值为 3 ：2。

除了天体本身的自旋会与轨道产生耦合之外，两个离得比较近的天体的轨道之间也会互相耦合而产生共振。轨道共振是天体力学中的常见现象，类似于用重复施加的外力推秋千所产生的累积效应。例如，木星的伽利略卫星木卫 3、木卫 2 和木卫 1 轨道的 1 ：2 ：4 共振，以及冥王星和海王星之间的 2 ：3 共振等。图 6-4（b）显示亡神星与海王星的轨道共振。

6. 月亮其实不是"半遮面"

更仔细的计算表明，从地球上并不是刚好只能看到月球的一半，而是能够看到整个月球的 59% 左右。地球转来转去，偶然总能惊鸿一瞥，窥探到一点点月亮背面隐藏的秘密！这额外 9% 的来源，与另一个叫作"天平动"的天体运动机制有关。

　　宇宙并不是一个拧紧了发条的大钟，其中的天体遵循引力规律而运动，天体间的相对位置每时每刻都在因为运动而改变。但变中有不变，对太阳、地球、月亮组成的三体系统而言，互相的公转及各自的自转是最基本的，其他可看作是基本运动状态之外的"修正"。

　　天平动是一种缓慢的振荡。天平意味着平衡，平衡中有振动和摇摆，因而谓之"天平动"。对月球而言，自转和公转已经同步锁定，但某些轻微的摆动使得地球上的观察者在不同的时间能看见稍微有点不一样的月面。这些摆动的原因有 4 种：纬度天平动、经度天平动、周日天平动和物理天平动，见图 6-5。

　　经度天平动是因为月球的公转轨道不是一个正圆，而是有少许离心率的椭圆，这使人类在东西侧能多观察到约 235 km 的月面，见图 6-5（a）。

　　纬度天平动是因为月球自转轴对月球轨道平面不是绝对垂直而造成的，相当于在南北极方向能够多看到约 200 km 的距离，见图 6-5（b）。

　　周日天平动是因为地球的自转所造成的，它使地面上的观测者从地月中心连线的西侧转至东侧，将使赤道的观测者能在东西侧多看见约 30 km 的区域，

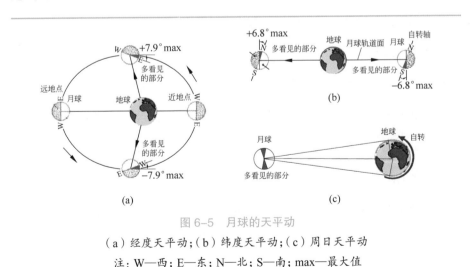

图 6-5　月球的天平动

（a）经度天平动；（b）纬度天平动；（c）周日天平动

注：W—西；E—东；N—北；S—南；max—最大值

见图 6-5（c）。

前面 3 种可归因于几何原因造成的天平动，与轨道、转轴方向或地球大小等几何因素有关。另外一种物理天平动便是由于各种原因（诸如地球引力、其他天体引力、月震等）造成的月球的摆动。不过，物理天平动比几何天平动小得多，只有百分之几，一般忽略不计。

7. 月球地貌

上面介绍的都是有关月亮的轨道及自转等力学特征。现在大家已经明白了我们为什么只看见月亮的同一张"正面脸"的道理。然而，那脸上大片大片的阴影是些什么呢？人类用望远镜仔细观察后，早就知道了那不是什么吴刚嫦娥桂花树之类的神话故事角色，而是月表高高低低的地形反光不同造成的。不过，早期的天文学家们误以为月球表面和地球表面类似，有山有海，所以给这些月球表面上的相应区域所起的名字，不是山就是海。不过山是环形山，命名基本正确，而什么雨海、风暴洋、岛海、静海、危海、澄海、丰富海等，就不符合事实了，这些海中一滴水也没有，只是较为平坦低洼的玄武岩平原，据推测是古代火山爆发的产物。其中面积最大的是风暴洋，横跨月球南北中轴线，绵延达 2500 km 以上。

但是，人类虽然用望远镜将月亮正面看了不知道多少遍，仍然难以判定月球物质的成分，它们是否和地球上的成分一样？还是有什么新的物质结构？而对月球的背面，人类就更是知之甚少了。从图 6-1 可以看出，月球背面没有正面那么多的阴影，是一张单纯而明朗的"脸"，显然有比较少的"月海"，那么，它上面又主要是些什么呢？据说是一大堆起伏不平的撞击坑。它们成分如何呢？俗话说，"百闻不如一见"，要回答这些问题，最好还是要派使者登上月亮去看看。谁派出了第一个使者？且听下回分解。

双子星计划成功　苏联栋梁病逝

说实话，苏美太空竞争打来打去的结果，却是对人类航天事业做出了非凡贡献。此外，尽管苏联人最后没有成功登月，但他们早期的无人探月任务对月球探测所做的努力也不容忽视。

1959 年，苏联在几次发射月球探测器失败之后，成功地在同一年相继发射了"月球 1 号""月球 2 号""月球 3 号"无人探测器。虽然"月球 1 号"与月亮失之交臂，但"月球 2 号"却成功地击中了月球，在月面上撞出了一个大坑，成为第一个从地面上被人为地"抛"到了另一个天体上的人造物体。"月球 3 号"则第一次绕到月球背后，拍摄到了 70% 的月球背面照片，让人类第一次大开眼界，看到了几千年未曾见过的月亮"后脑勺"。

从基本物理原理的角度而言，发射人造地球卫星比较简单，只要火箭有足够的推力将卫星加速到第一宇宙速度以上，卫星就可以围绕地球而转了。但如果要将人送到月球上，进行科学考察活动，然后还要安全地返回到地球，就需要多得多的精密策划和细致考虑。

将人送到太空、月球，再到其他星球，即"载人航天"，是一个史无前例的伟大事业，这其中要考虑哪些主要因素呢？

人类作为生物体，对太空的环境能否适应？这是首先要研究的问题。比如，失重对宇航员心理及生理方面的影响，太空中宇宙线辐射、与流星碰撞等问题，都需要考虑。这些问题除了理论研究外，需要进行多次动物实验，苏联发射第二颗人造卫星时带上了小狗"莱卡"的目的之一便是研究生物体对太空特定环境的反应。继"莱卡"之后，苏联卫星还带过多只狗狗上太空。美国人没用小狗，而是使用猿猴和黑猩猩进行动物太空实验。这些动物对点火、发射、加速、失重等飞行条件，似乎都感觉良好，因此增强了科学家对载人航天的信心。

苏联和美国几乎同时开始进行载人航天计划。苏联的"东方计划"和美国的"水星计划"，都在1958年启动，分别代表了两个大国航天计划的第一步。如前所述，当年的苏联在太空竞赛中似乎领先，苏联人加加林先于美国人进入太空。但实际上美国的火箭实力并不逊于苏联，美国输在研发机构的分散和混乱，苏联赢在政府对科技的集中权威控制。美国科学家和工程师们不断地研发航天新技术，也不利于那种"赶时间抢第一"方式的竞争，但日子长了，实力最终仍然会凸显出来，苏联暂时的领先造成美国民众心理不平衡，两大国的航天专家们处于不同的"压力"之下，决心要在登月途中再见分晓。

人类梦想"登月"，却不可能一步登天。就美国的航天计划而言，第一步的"水星计划"包括了太空生物学研究，进行灵长类动物太空实验，最后将人送入地球轨道等研究任务。该计划于1963年完成，之后被"双子座计划"取代。双子座计划旨在为其后的"阿波罗计划"做准备，积累更先进的技术，包括如下一些具体项目：实现太空行走和轨道机动；航天器之间的交会对接；延长宇航员和飞船在轨的驻留时间到两周左右，以便足够前往月球并返回；测试载人系统的安全性并在预定地点着陆，为宇航员提供太空飞行中需要的"零"重力环境和飞行器对接的经验。

一般认为登陆月球有3种方案。一是直接登月，即用大型火箭把载有宇航员的航天器直接发射到月球表面，完成任务之后，航天器又从月球返回地球。第二种叫作"地球轨道交会"，意思是用较小型的火箭将登月航天器的不同部分送入地球轨道，在地球轨道上进行交会对接后再前往月球，然后返回。

直接登月的方案是一步到位，似乎简单但不太保险，听起来像是"发射炮弹"，并需要巨型运载火箭。第二种的优越性是可以使用推力较小的火箭，但在地球轨道上"交会"并没有经验，不知道成功的概率有多大，专家们更倾向于第三种"月球轨道交会"的方案，见图 7-1（c）。这种方案中，航天器分为"母船"和"登月舱"两部分，由大型火箭将整个航天器发射到绕月轨道上，之后在月球轨道上两名航天员进入登月舱，驾驶登月舱与母船分离，并降落在月球上。然后，母船继续环绕月球飞行，在绕月轨道上等待登月舱返回。登月航天员完成任务后，返回登月舱，驾驶登月舱飞离月球并返回月球轨道，与绕月飞船对接后返回地球。

无论地球交会还是月球交会，整个航天器都是由能分能合的两部分组成。因此，在真正实施登月计划之前，有两个重要问题需要考虑，第一个是航天器的运行轨道如何从环绕地球的轨道转换到环绕月球的轨道，第二个是两个航天

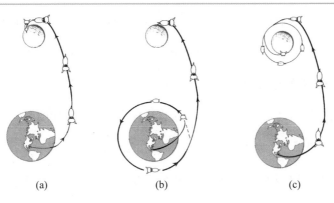

图 7-1　3 种登月方案

（a）直接登月；（b）地球轨道交会；（c）月球轨道交会

器在轨道上的交会和对接问题。这些便是美国"双子座计划"要达到的目标。如果再具体到该计划的第一步，首先需要研制能够安全负载两名航天员的飞船，并且使用这个飞船进行"太空漫步"。

苏联了解到美国的"双子座计划"后，便也匆忙制订了一个"上升号"飞船计划。但是，当年的苏联领导人赫鲁晓夫以及科技界，都太在乎要先于美国抢到第一，在一定程度上造成浮夸和急功近利，妨碍了科学技术研究的长远目标。

赫鲁晓夫热衷于太空计划，因为在太空竞赛初期，苏联抢先美国的事实给他带来不少国际范围内的政治资本和个人威望。他曾经在访问美国时送给艾森豪威尔一枚苏联勋章，并得意扬扬地指着它说："知道吗，我们已经将它挂到了月球上！"他督促苏联的航天专家们制定"上升号"飞船计划的目的，就是要和美国的"双子座计划"相较量，最好还要抢先和超过！要在双子座计划之前完成载两人的首次航天飞行。

为了争取时间，科罗廖夫决定不研制新的"上升号"飞船，而是在"东方号"飞船的基础上改进成能载两人的飞船。但刚刚将飞船改装完成，赫鲁晓夫又别出心裁，要求飞船要能装上3个人。既然美国人坐两个人，那我们就坐3个人，人数上首先超过他们！赫鲁晓夫要求在1964年11月7日国庆之前把3人同时送入地球轨道。为了满足领导人的愿望，无可奈何的工程师们想尽办法，减少飞船携带的仪器设备，简化安全措施，甚至让3名航天员冒险不穿臃肿的舱外活动航天服。想出这个绝招的工程师亲自身体力行，与另外两名伙伴一起穿着轻便服装，挤进了"上升1号"飞船上排成"品"字的3个座椅中，"上升1号"于1964年10月12日升空，在地球轨道上绕地飞行16圈，历时24小时17分钟，最后返回地面。所幸这个过程中没有发生事故，并且又为苏联争得了一个"载多人太空飞行"的第一名。

有意思的是，当"上升 1 号"飞船返回地球的那天，苏联的政局发生了变化，勃列日涅夫等人在莫斯科发动政变，赫鲁晓夫被免除一切职务，强迫"退休"。勃列日涅夫虽然不像赫鲁晓夫那样热衷于航天，但与美国太空竞赛的意识仍然暂时统治着苏联科技界。

苏联得知了美国人要进行太空行走的消息，这又是一个抢"第一"的机会。科罗廖夫想了一个巧妙的办法，在"上升"飞船的壁上开了一个口，供宇航员进行太空行走时出、入座舱之用。不过这次，宇航员要出舱到太空行走，航天服必不可少了，所以飞船只能载两人飞行。

1965 年 3 月 18 日，"上升 2 号"飞船载了指令长别利亚耶夫和驾驶员列昂诺夫两名宇航员升空，列昂诺夫将承担太空行走的任务。

由于准备工作不是很充分，使列昂诺夫的太空行走成为一场"太空惊魂"。

飞船从一起飞就不顺畅，预计的地球轨道是 300 km，但那天的运载火箭推力似乎过大，将飞船推到了 500 km 的高度。列昂诺夫原计划在飞船绕地球的第一圈出舱，但却直到第 2 圈才打开舱门。列昂诺夫身穿航天服，心情紧张地从舱口伸出了戴着头盔的脑袋和肩膀。事后据列昂诺夫回忆说，当时"我轻推了一下舱盖，整个身体就呼地一下被弹出去了，完全不由自主，就像一个水瓶上的软木塞一样冲出了舱口"。还好他身上预先系了一根 5.35 m 长的与飞船相连的绳链，也冲不到哪里去！不过，面对茫茫太空的惊吓，无助之情却可想而知。

据说当时在电视机前观看这个"里程碑事件"的观众们看见列昂诺夫冲出舱门后在太空"翻了几个跟斗"，还以为他是在快活无比地表演。但实际上他的身体随着飞船的旋转而快速地旋转，这完全是自己无法控制的动作。幸好，连接飞船和身体的 5.35 m 长的绳子把他缠绕着靠近了舱口，才停止了旋转。这些意外让列昂诺夫紧张得出汗、心律失常，只好匆匆结束太空行走。但在回舱时身子又被卡在了舱门口。这时候，由于太空真空的作用，列昂诺夫身上的航天服鼓胀成了一个直径 190 cm 的大气球，使得他怎么也进不了 120 cm 宽的舱门，只好高声大叫"我来不及了。我回不去了！"还好在最后的危急关头，这位久经训练的宇航员突然想起了以前教练曾经指出航天服的腰部设有 4 个释放空气的按钮，这才终于让航天服瘪了下来，列昂诺夫得以进入舱内。10 min 的太空行走，以及为了挤进舱门与航天服搏斗了 12 min，列昂诺夫大汗淋漓，心率达到每分钟 190 次，靴子里积聚了 6 L 汗水。

不仅如此，飞船返航时也是险象环生。飞船自动导航定位系统发生了故障，飞船呼啸着落在了偏离预定点 3200 km 处的原始森林深处。两位宇航员不得不在暴风雪中爬出舱门发出求救信号……第二天，正满世界搜寻他们的回收人员才终于从空中发现了他们。

在苏联又夺得了这两个"第一"之后不久，美国也实现了载两人的飞船发射及美国宇航员的第一次太空行走。

当初苏联"东方计划"的目的还基本上是以科学为主，探索航天飞行和微重力对人体的影响。而到了"上升号计划"的两次飞行，主要目的变成了"获得第一"。尽管在这方面取得了成功，但对科技而言也造成不少负面影响。"上升号"飞船在太空中的诸多不顺利情况不仅仅让身历其境的航天员心率加速，还使得原来就有严重心脏病的总设计师科罗廖夫病入膏肓。1966 年，这位为苏联航天事业操碎了心的关键人物在一次手术中不幸去世，给苏联的未来登月计划带来了一个沉重而致命的打击。

另外，美国的"双子座计划"成就卓越。计划所使用的双子座飞船由加拿大设计师吉姆·张伯伦设计，它不像苏联那样，由前一个计划的飞船改造而成，而是在设计中考虑了新计划的各种技术要求而重新建造的，由此也促进了不少相关技术的发展。比如说，"双子座计划"将载人飞行的时间从 1 天提高到了 14 天，这项要求促进了长效使用的燃料电池的开发。

更为重要的是，"双子座计划"在轨道交会和对接上取得了很大成功。交会和对接的意思就是将两个航天器会合连成一个整体。一般而言，交会对接过程分 4 个阶段：地面导引，自动寻的，最后接近和停靠，对接合拢。两个航天器分别被称为"追踪航天器"和"目标航天器"。在导引阶段，由地面控制中心操纵"目标航天器"经过变轨机动，进入到追踪航天器能捕获到的范围（15~100 km）。在自动寻的阶段，追踪航天器利用微波和激光探测器测量与目标航天器的相对位置及速度，并自动导航到目标航天器附近（距离 0.5~1 km）。在最后接近和停靠阶段，目的是对准对接轴、进入对接走廊，这个过程中两个航天器之间的距离约 100 m，相对速度为 1~3 m/s，追踪航天器需要精确测量两个航天器的距离、相对速度和姿态，同时启动小发动机进行机动，使之沿对接走廊向目标最后逼近。最后，关闭发动机，进行对接合拢，即以 0.15~0.18 m/s 的停靠速度与目标相撞，使两个航天器在结构上，包括信息线、电源线和流体管线实现硬连接。

由以上叙述可知，航天器的交会过程很不简单，为此"双子星"飞船发展出了一整套计算机程序控制系统，为后来的"阿波罗计划"航天器的交会对接任务提供了自动控制的基础。此外，"双子星"飞船在驾驶舱的环境控制系统、宇航员生命保障系统方面，都进行了新的设计，加强了可靠性。

"双子星计划"从 1961 年开始实施，在 1965 年至 1966 年间共进行了 10 次载人飞行以及更多次数的无人飞行。在地球轨道上实施了多次太空行走、航天器交会、变轨、机动、对接等载人登月需要的关键技术，为"阿波罗计划"铺平了道路。"双子星计划"于 1966 年结束时，美国在载人航天方面，已经毫无疑问地全面超过苏联[2]。欲知美苏竞争结果如何，且听下回分解。

第 8 节
"阿波罗"载人月球漫步　N1 火箭发射失误

1."阿波罗 11 号"成功登月

"阿波罗计划"采用的是"月球轨道交会"的方案，见图 8-1。在这种方案中，航天器分为"母船"和"登月舱"两部分，由大型火箭将整个航天器发射到绕月轨道上，之后，在月球轨道上的两名航天员进入登月舱，驾驶登月舱与母船分离，并降落在月球上。然后，母船继续环绕月球飞行，在绕月轨道上等待登月舱返回。登月宇航员完成任务后，返回登月舱，驾驶登月舱飞离月球并返回月球轨道，与绕月飞船对接后返回地球。

1969 年 7 月 20 日，"阿波罗 11 号"的登月舱成功着陆月球，美国宇航员尼

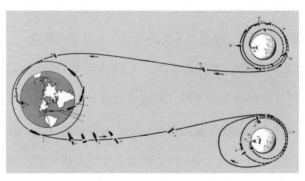

图 8-1 "阿波罗"的月球交会轨道（图片来源：NASA）

尔·阿姆斯特朗（Neil Armstrong）在月球表面留下了人类的第一个脚印，他幽默地说："这是我个人的一小步，却是人类的一大步。"第二位宇航员奥尔德林也随后跟上，登陆了月球。另一位宇航员迈克尔·科林斯则留守在绕月环行的母船"哥伦比亚号"上。有趣的是，在登月舱出发之前，休斯敦地面指挥中心的通信员与几个宇航员间有一段极有意思的对话。通信员说："请注意一位名叫嫦娥的可爱的中国姑娘，她带着一只大兔子，已经在那里住了 4000 年！"宇航员随口回答："好的，我们会密切关注这位中国兔女郎。"

2. 胜利的失败："阿波罗 13 号"

美国电影"阿波罗 13 号"描写了"阿波罗计划"中第三次载人登月的真实事件。"阿波罗 13 号"发射两天之后，服务舱的氧气罐爆炸，太空船严重毁损，失去大量氧气和电力。在太空中发生如此大的爆炸事故，人们以为再也见不到执行这次任务的 3 位年轻人了。然而，3 位宇航员克服困难，与地面控制团队紧密配合，使用航天器的登月舱作为救生艇，成功地返回到地球，创造了航天史上的奇迹，被称为一次"胜利的失败"。

当年参与救援的一位工程师后来在"今日宇宙"网站上发文总结说，"阿波罗 13 号"获救是因为存在 13 个条件[3]。

"阿波罗 13 号"是在去月球的半途发生事故的。按常理来说，发生了爆炸应该尽快掉头返回地球。但是，直接掉头必须首先迫使飞船速度反向，这需要很大的推力。供给推力的服务推进系统正好位于发生事故的服务舱尾部，如果点火燃烧推进系统，很有可能再次引起爆炸。因此，指挥中心决定利用"自由返回轨道"返回地球。

所谓"自由返回轨道"的方法，指的是"借月球一臂之力"，充分利用月球引力的自然助推作用，来使得航天器转向返回。

在正常发射月球探测器时，也可以使用这种方法来节约燃料。月球探测器发射之后只需要在地月转移轨道上进行一次变轨，飞抵月球轨道后便能在月球的引力作用下绕过月球，再自动地返回地球，如图 8-2（b）所示。

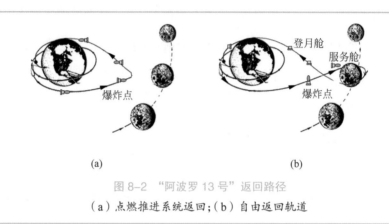

（a） （b）

图 8-2 "阿波罗 13 号"返回路径
（a）点燃推进系统返回；（b）自由返回轨道

"阿波罗 13 号"的情况与正常发射稍有不同，是一种应急处理。总之，3 名宇航员与地面控制人员紧密配合，最后选择了利用月球引力返航的方法。"阿波罗 13 号"使用登月舱的降落火箭，稍作机动变轨进入到"自由返回轨道"。然后，待登月舱绕过月球背面后，降落火箭被点燃，以加速登月舱返回地球的速度，最后顺利地进入地球轨道并安全返回地面。

3. 苏联为何没有登月

苏联为登月设计的方案基本上与"阿波罗计划"一样，也是采取"月球轨道交会"的办法。

为了达到送人登月的目的，需要用到大型的运载火箭。运载火箭技术是航天技术的基石，美苏火箭技术都是从洲际弹道导弹发展而来，大同小异，水平应该不相上下，差别是后来一些细节上的发展变化。火箭需要在无空气的太空飞行，必须携带燃料和氧化剂。那时候美国和苏联的火箭使用的都是"煤油、液态氧"的发动机，这一点上也没有区别。

火箭发动机有三大指标：推力、比冲、效率。推力决定了能给予航天器的速度，超过第一宇宙速度方能将航天器发射至太空；比冲指的是单位质量推进剂能产生的冲量，比冲越大，火箭产生的推力才能更持久；第三个指标"效率"，指的是燃料燃烧的效率。显而易见，其中推力是最重要的，没有足够的推力，上不了太空。比冲也很关键，比冲不够的话，进得了太空，但到不了月球！比较而言，效率便只是燃料用多用少的问题了。

美国人登月使用的是布劳恩等人设计的"土星 5 号"三级火箭，这是航天史上最大的火箭，高达 110.6 m，质量 3039 t，有效载荷 45 t。迄今，它仍然保持着最高、最重、推力最强的运载火箭的纪录。

科罗廖夫为苏联设计的是"N1 运载火箭"，其尺寸比"土星 5 号"稍小，但运载能力更大。N1 的研发工作比"土星 5 号"晚，之后由于资金短缺、未经过严格测试便进行发射试验。美国"土星 5 号"的 13 次发射试验次次成功，而 N1 的 4 次发射试验却全部失败，其中 3 次是在发射后爆炸，最严重的一次是尚未发射就爆炸了。在 1969 年的第 3 次发射试验之前，因为一颗松动的螺柱被吸入了燃料泵，导致 30 台发动机中的 29 台停止工作而造成爆炸，将发射台都炸毁了，这是火箭应用历史上最大规模的爆炸，见图 8-3（b）。

有人认为 N1 的设计上也有毛病，比如，它使用了 30 台发动机，而"土星 5 号"只有 5 台发动机。如此多的发动机可能也是造成爆炸的潜在原因。30 台发动机！不由得使人联想到"万户飞天"时绑在椅子下面的 47 只冲天炮。

为什么 N1 火箭要使用 30 台发动机呢？ N1 火箭是多级火箭，第一级是基于当年苏联一位年轻的设计师库兹涅佐夫设计的 NK-15 发动机。NK-15 使用了当时比较先进的富氧燃烧技术，燃烧效率比较高，但单机推力却有限。为了达

(a)　　　　　　　　　　　(b)

图 8-3　美国和苏联的登月运载火箭（图片来源：NASA）

（a）"阿波罗 11 号"和"土星 5 号"；（b）N1 火箭爆炸

到足够的推力，科罗廖夫设计 N1 火箭时才不得不在第一级并联了 30 台 NK-15 发动机。

苏联当时还有另一种 UR500/700 火箭，研制者切洛梅是科罗廖夫在苏联内部的竞争对手，这种火箭用一种有剧毒的化学物质代替煤油作为推进剂，遭到科罗廖夫的强烈反对。但因为切洛梅任用了赫鲁晓夫的儿子作为助手，所以在苏联高层不乏支持者，最后造成两种火箭方案平分秋色的局面。虽然科罗廖夫仍然是登月的总设计师，但有限的资源却被分去了一半。

美国的 NASA 则看中了洛克达公司设计的 F-1 煤油液氧发动机。5 台 F-1 被并联安装在"土星 5 号"火箭第一级，便达到了足够的推力，最后运载着"阿波罗 11 号"成功地完成了登月任务。使用 30 台发动机的苏联 N1 火箭系统非常复杂，从自动控制的观点来看，发动机数目太多，大大增加了系统的不稳定性。不过，可怜而又算幸运的科罗廖夫，还没有来得及看到 N1 火箭的失败就辞世了。科罗廖夫得了癌症，又劳累过度、心力衰竭，于 1966 年 1 月 14 日与世长辞，终年才 59 岁。他的副手米申院士继任，不过，缺乏他那种政治头脑和作为总设计师的威望，试射中频频发生事故。后来由于种种原因，苏联在 1976 年正式取消了 N1 运载火箭工程，给苏联的登月计划以致命的打击，因为没有足够运载能力的大型火箭，载人登月并安全返回是不可能的。再后来，随着 1991 年苏联的解体，苏联航天事业几近停滞。这正是："火箭铺就登月路，迈出人类第一步，苏美冷战二十载，太空宇宙见功夫。"

航天器的轨道设计很有讲究，很多时候可以尽量利用大自然的推力，就像"阿波罗 13 号"返回时所采用的"自由返回轨道"，便能够"借月球一臂之力"，这种方法叫作"引力助推"，欲知"引力"如何能"助推"，且听下回分解。

第9节
三体运动生混沌 引力助推荡秋千

航天器被运载火箭推向太空之后，就变成了一颗"星星"。也就是说，仅仅从引力的角度看，它们可以和其他宇宙中的自然天体一样，遵循引力定律而在一定的轨道上运动。不同的是，只要它们还能与地球通信，只要它们的引擎能启动，还有足够的燃料，发射它们的地球人就还有可能控制和改变它们的运动。就像飞上蓝天的风筝，飞得再高，也还有一根牵连的细线被主人抓在手上！所以，太空中的航天器有两种基本的运动方式：自由飞行段和主动飞行段。

前者指的是按照引力规律自由运动的阶段，比如说卫星绕着地球转圈就是不需要引擎的。后者则指航天器上的发动机点火阶段。什么时候需要将发动机点火呢？那是需要将航天器从一个轨道做一点改变，或者是"跳"到另一个轨道的时候。比如说，要从环绕地球的轨道"跳"到环绕月球的轨道。这种情况一般不会自动发生，需要人为地"遥控"、预先设定，或者由宇航员操作。这种人为点火而改变运行轨道的技术，称作"轨道机动"。既然是人为地改变，就要达到各种不同的目的，因此轨道机动实际上包括了轨道转移、轨道交会、轨道保持和修正、改变轨道平面等不同的目的。再以刚才说的人造地球卫星为例，虽然卫星绕地球转不需要引擎，但时间长了后，因为摄动力的原因，轨道可能会偏离我们的要求，这时候就可能需要人为的"机动"来进行修正。发射到远处星球的航天器就更不用说了，漫长征途中需要多次"变轨"。

轨道机动除了改变轨道之外，还可以控制航天器的方向和"姿态"以达到某种目的，这点在载人航天返回地球或降落到月球和其他星球时特别重要。就像飞机一样，保持正确的姿态才能安全着陆，否则后果便不堪设想了。

因此，航天器比天然星体更具优越性，因为它们的轨道可以人为地进行选择。但这个优越性是以"携带燃料"作"机动"换来的。航天器能够携带的燃料有限，因此，航天器的轨道设计者便希望能更多地利用"自然飞行"，尽量少作机动。这其中用得很多的方法叫作"引力助推"。

1. 引力助推

如果有人问你，人类飞向太空的第一阻力是什么？大多数人会不约而同地回答：是引力。的确如此，人类实现飞天梦的最大困难就是克服地球的引力。我们从中学物理中就学到了如何计算几个宇宙速度，那是人类摆脱地球或太阳引力的束缚冲向太空的几道门槛：如果达到第一宇宙速度（7.9 km/s）能让物体围绕地球旋转；如果达到第二宇宙速度（11.2 km/s）便可以克服地球引力，绕着太阳转；第三宇宙速度（16.7 km/s）标志着能够摆脱太阳的引力羁绊。

不过，想跨越这几个门槛谈何容易？人类努力了几十年，迄今发射速度最快的航天器"新视野号"（new horizons），2006 年发射时相对地球的速度为16.26 km/s，尚未达到第三宇宙速度。然而，人类于 39 年前发射的两个"旅行者号"探测器（voyager1 和 voyager 2），旅行中的最高速度却大大超过了这个速度。这其中有何奥秘呢？人造飞行器额外的动能从何而来？

以上问题的答案也是：引力。也就是说，对人类发射的航天飞行器而言，引力有时是阻力，有时又可能成为"推力"。我们可以利用太阳系中各大行星与飞行器间的引力作用，来加速飞行器。换个通俗的说法，让飞行器从高速运动的行星旁边掠过，顺便从行星身上"揩点油"，让自己得到加速度。

这种方法叫作"引力助推"，航天技术中经常使用来改变飞行器的轨道和速度，以此节省燃料、时间和成本，这种方法既可用于加速飞行器，也可用于在一定的情况下降低飞行器的速度。

图 9-1（a）中的曲线所示，便是"旅行者 2 号"的速度在飞行过程中的变化情形。注意图中的速度是相对于太阳系坐标而言，因而与我们提及的相对于地球坐标而言的"宇宙速度"值有所区别，其差值是地球的公转速度，大约 30 km/s。曲线上的 4 个尖峰分别代表该飞行器在木星、土星、天王星、海王星经过时因为"引力助推"而产生的速度变化。图中也画出了 NASA 在 2006 年 1 月发射的"新视野号"的速度曲线，与"旅行者号"的速度曲线相比较，明显地看出在 4 个行星附近，"引力助推"对"旅行者 2 号"的加速作用。图 9-1（b）则显示了两个"旅行者号"探测器的行程。

不过，采用引力助推的方法也要等待时机。在 1964 年夏天，NASA 喷气推进实验室一位名为弗朗德鲁（Flandro）的研究员，负责研究探索太阳系外行星

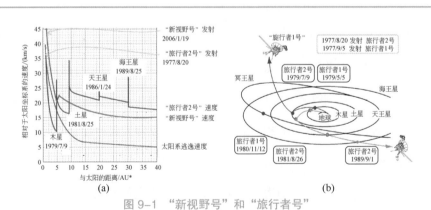

图 9-1 "新视野号"和"旅行者号"

（a）从速度曲线可见引力助推的作用；（b）"旅行者号"的行程

*1 AU 也被称为 1 个天文单位，是从太阳到地球的平均距离。

的任务。弗朗德鲁经过计算研究木星、土星、天王星和海王星的运动规律，发现了一个 176 年才有一次的最好时机，那段时间（大约 12 年）内，木星、土星、天王星和海王星都将位于太阳的同一侧，形成一个特别的行星几何排阵，是实现"引力助推"的理想地点。基于这点，专家们促使 NASA 启动了"旅行者号"探测器计划。

1977 年 8 月 20 日和 9 月 5 日，"旅行者 2 号"和"旅行者 1 号"分别从佛罗里达州的航天中心发射 [4]，她们是两个几乎一模一样的"双胞胎姐妹"航天器，携带着镌刻了地球人类的消息和录音的金唱片，她们的计算机内存只有 64 kB（很多年前的老古董电子设备，诸位可想而知是什么模样！）。"旅行者 2 号"比她"姐姐"的速度稍慢一点，但她成果不菲，顺利完成了造访 4 个外行星的任务。这对"姐妹花"都曾经探测过土卫六的地貌，虽然不很成功，但也为后来的探索提供了许多有用的信息。土卫六是土星卫星中最大的一颗，被认为极有可能存在生命迹象！"旅行者 2 号"旅途中的 4 次"引力助推"，将原来需要 40 年完成的"4 行星探索"任务，在 10 年左右的时间内就提前完成了！"旅行者 1 号"在很快地访问了木星和土星之后继续高速飞行，如今已经越过太阳系的边界，到达星际空间，成为飞出太阳系的第一个人类使者。两位"旅行者"虽然早已完成为她们预订的任务，却并未"退休"，至今为止，仍然通过遥遥星空，每天向人类发来有用的资料。因为她们与地球相距遥远，这些信息要延迟 17 小时左右才能被人类收到。

2. 原理

最早（1918—1919）提出这个想法的是一位苏联物理学家尤里·康德拉图克。尤里于 1897 年生于苏联的乌克兰，是太空工程与航天学的一位先驱和理论家，曾被苏联政府流放和监禁，但他在艰难的环境下仍不忘钻研航天理论。后来，在第二次世界大战中，尤里自愿入伍加入苏联红军，并于1943年在战争中阵亡。

尽管精确地计算飞行器的引力助推过程需要复杂的数学，但其物理原理却可以用图9-2中的例子，简单地使用动量守恒定律来直观解释。引力助推也被称为"引力弹弓"，因为它与弹性碰撞颇为类似。它利用飞船与行星、太阳之间的万有引力，使行星与飞船交换轨道能量，像弹弓一样把飞船抛出去。如图9-2（b）图所示，想象将一个篮球投向一列对面疾驶而来的火车。设篮球速度为 v_1=5 m/s，火车速度 u=10 m/s，方向相反。最后结果如何？考虑火车的质量比篮球质量大很多，篮球质量几乎可以忽略不计的简单情况下，得到的结论是：在碰撞之后，篮球从火车那儿"捞了一把"，将以 $v_2=v_1+2u$=25 m/s 的速度向后方（火车的前方）飞去。火车因为质量大，速度几乎不变，仍然以原来的速度 u 照常行驶。人类发射到土星轨道附近的飞船与土星相遇时的情形便与刚才描述的"篮球撞火车"情形十分类似，只是飞船与土星并未直接接触，而是像图9-2（a）所示的那样绕行过去，引力在其中扮演着重要的角色。两者的物理原理虽然不同，但最后效果却是类似的：飞船得到了两倍于土星速度的速度增加。

也许有人会觉得以上的说法有违能量守恒。结论当然不是如此，实际上在两种情形下严格的计算都需要用到能量守恒。篮球的速度增加了，虽然看起来

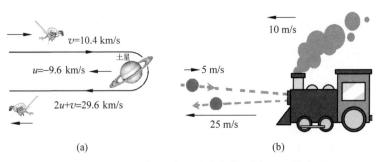

图9-2　理解引力助推（或称"引力弹弓"）原理的直观图

对火车似乎没有影响，但应该有那么一点极其微小的扰动，篮球增加的动能最终是来自火车的动力系统。在飞船的情况，能量则来自行星或太阳系。

引力助推想法早已被苏联物理学家提出，据说苏联的"月球 3 号"就应用此技术，绕到月球背面拍下了照片。但是，真正认识并深入研究这项技术的人是美国数学家迈克尔·米诺维奇（Michael Minovitch）。

迈克尔当时（20 世纪 60 年代初）还只是加州大学洛杉矶分校的一名研究生，他因为研究"三体问题"而得到了使用当时最快的计算机的机会。在他模拟"三体问题"的过程中发现，一艘飞船飞经绕日的行星，可以在不使用任何火箭燃料的情况下窃取行星的一点轨道速度而加速离开太阳，迈克尔由此而认识到引力助推对加速航天器的巨大潜力，并说服 NASA 将此思想运用于实践。

3. 三体问题和拉格朗日点

三体问题历史悠久，还得从牛顿时代说起。

牛顿创建了微积分和万有引力定律之后，自然首先迫不及待地将它们用于研究天体的运动问题。他用数学方法严格地证明了开普勒三大定律，使二体问题得到了彻底的解决。所谓二体问题就是说，只考虑两个具有质量 m_1 和 m_2 的质点之间的相互作用（通常是考虑万有引力）时，研究它们的运动情况。也就是说，像地球的自转、形状等，我们是统统不考虑的。二体问题数学上可以归结为求解如下的微分方程：

$$F_{12}(x_1, x_2) = m_1 x_1 \tag{1}$$

$$F_{21}(x_1, x_2) = m_2 x_2 \tag{2}$$

公式中的 F_{12} 和 F_{21} 是两个质量之间的作用力，在天体运动情况下是万有引力，在微观世界中可以是其他的力，比如电磁力。不过我们在本书中谈及二体、三体或 N 体问题时，只考虑万有引力。牛顿时代就已经得到了上述二体问题的微分方程精确解，凡是学过中学物理的人都知道，这时的两个质点在一个平面上绕着共同质心作圆锥曲线运动，轨道可以是圆、椭圆、抛物线或者双曲线。不过，在大多数实用情况下，人们通常感兴趣的是椭圆轨道类型的问题。因为对其他两种情况，天体不知跑到哪里去了。也许有了新的同伴，那就是另外的新问题了。因此，之后考虑三体问题时，大多数情况，我们也只讨论互相作绕圈运动的情形。

二体问题的成功解决给牛顿以希望，他自然地开始研究三体问题，但没想到从 2 加到 3 之后的问题使牛顿头痛不已。岂止是牛顿，之后的若干数学家，甚至直到几百年之后的今天，三体问题仍然未能圆满地解决，大于 3 的 N 体问题自然就更为困难了。如此困难的三体问题是天体运动中非常常见的情况，比如考虑太阳、地球、月亮三者，或者研究飞船、行星、太阳的运动规律时，就是典型的三体问题。

从数学方法来说，解二体和三体问题都是解微分方程组，但二体问题可以通过求积分就简单解决了，同样的方法却无法对付三体问题。不过数学家们总有他们的办法，问题解不出来时就将其简化。既然二体问题之解令人十分满意，那就在二体问题解的基础上做文章。首先可以假设，3 个天体中有两个的质量 m_1 和 m_2 比第 3 个质量 m 要大得多。所以，第 3 个小天体对两个大天体的影响完全可以忽略，这样就可以将两个大天体的运动作为二体问题解出来。然后，再将第 3 个天体看作是在前两个天体的引力势场中运动的粒子而求解其运动方程。这样简化后的问题被称之为"限制性三体问题"。但实际情况令人很不愉快，即使是简化到了这种地步，小质点 m 的运动方程仍然无法求解。

于是，又进一步简化成"平面限制性三体问题"，就是要求 3 个质点都在同一个平面上运动，但似乎还是得不出方程的通解。

得不到通解便研究一些近似解和特殊解，这两方面倒是有点成效。颇为成功的近似方法是"摄动理论"，实质上就是一种微扰法。考虑两个物体的运动，将第 3 个物体的作用作为对前两者的微扰。使用这种方法解决和预测太阳系中的一些现象卓有成效。

对"平面限制性三体问题"，18 世纪的欧拉和拉格朗日则求到了小质量运动方程的几个特解[5]，见图 9-3。

这些小质量在两体系统中的特解被统称为称为拉格朗日点。这是指在两个大物体的引力作用下，能使小物体暂时稳定的几个点，其中的 L_1、L_2、L_3 实际上是欧拉得到的，L_4 和 L_5 由拉格朗日在 1772 年得到，发表在他的论文"三体问题"中。

如图 9-3（a）所示，拉格朗日点中的 3 个点 L_1、L_2、L_3 位于两个大天体的连线上，L_4 和 L_5 则分别位于连线的上方和下方与大天体距离相等，并组成一个正三角形的两个对称点上。可以从数学上证明，在连线上的 3 个拉格朗日点不是真正"稳定"的点，它们对应于"鞍点"类型的极值点。只有 L_4 和 L_5 是对应于最小值的稳定点。也就是说，当小质量位于 L_4 和 L_5 时，即使受到一些外界引力的扰动，它仍然有保持在原来位置的倾向。图 9-3（b）显示了在 L_4 点对小

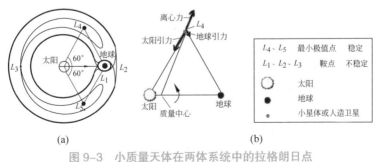

（a）　　　　　　　　　　　　（b）

图 9-3　小质量天体在两体系统中的拉格朗日点

（a）拉格朗日点；（b）拉格朗日稳定平衡点

天体的 3 个作用力（地球引力、太阳引力、离心力）是如何平衡的。有趣的是，我们都知道力学结构中的三角形与稳定性有关，当小质量位于 L_4 和 L_5 时，3 个质点正好构成一个等边三角形，这是否暗藏了某种稳定性原理呢？L_4 和 L_5 有时也被称为"三角拉格朗日点"或"特洛伊点"。

乍一看，5 个拉格朗日点的存在似乎没有多大的实际意义，只像是个趣味数学游戏。但是，没想到它们还真有一定的实际用途。自然界的实例也证明，稳定解在太阳系里就存在。1906 年，天文学家首次发现木星的第 588 号小行星和太阳正好等距离，它同木星几乎在同一轨道上超前 60° 运动，三者一起构成等边三角形。同年发现的第 617 号小行星则在木星轨道上落后 60° 左右，构成第 2 个正三角形。之后进一步证实，木星轨道上有小行星群（特洛伊群和希腊群）是分别位于木星和太阳的拉格朗日点 L_4 和 L_5 上。有时将这类小行星群统称为特洛伊群。自 2007 年 9 月到现在为止，已经确认的特洛伊小行星有 2239 颗，其中 1192 颗在 L_4 点，1047 颗在 L_5 点。

此外，在土星 - 太阳系统及火星 - 太阳系统的 L_4 和 L_5 点上也都发现有小卫星存在。还曾经在地球 - 太阳系统的 L_4 和 L_5 点上发现存在尘埃群，2010 TK7 是首颗被发现的地球的特洛伊小行星。对微观世界的研究也发现拉格朗日稳定点的存在。

在发射人造卫星及其他人造天体时，科学家和工程师们也考虑和利用了这些拉格朗日点。我们可以以太阳和地球加小星体的系统为例来考察一下这些特殊点。比如，L_1、L_2、L_3 都在日地连线上，L_1 在日地之间，小星体在这个位置时，它的轨道的周期恰好等于地球的轨道周期。日光探测仪即可围绕日地系统的 L_1 点运行。L_2 点偏向地球一侧，通常用于放置空间天文台，如此可以保持天文台背向太阳和地球的方位，易于保护和校准。L_3 在日地连线上偏向太阳一侧，像是与地球对称，一些科幻小说中称之为"反地球"。

所以，18 世纪时拉格朗日研究三体问题找到的特解还是有点用处的。但是如果回到三体问题微分方程的通解问题，数学家们至今仍然是一筹莫展，只能用计算机模拟来求解和探讨这类问题。

法国数学家庞加莱（1854—1912）对三体问题的研究导致和催生了"混沌"这个崭新的数学概念。在 1887 年，瑞典国王奥斯卡二世为了祝贺他自己的 60 岁寿诞，赞助了一项现金奖励的竞赛，征求太阳系的稳定性问题的解答，这实际上是三体问题的一个变种。尽管当时庞加莱没有真正解决这个问题，但他对此问题超凡的分析方法使他赢得了奖金。庞加莱提出的实际上就是后来被称之为"蝴蝶效应"[6]的概念。他的意思是说，如果初始值有一个小的扰动，后来的结果就可能会有极大的不同，以至于我们不能完全预测系统的最终状态。

庞加莱发现即使在简单的三体问题中，方程的解的状况也会非常复杂，以至于对于给定的初始条件，几乎是没有办法预测当时间趋于无穷时，这个轨道的最终命运。事实上，这正是后来物理学上发现的著名的混沌概念之萌芽。

利用大自然中天体间本来就存在的引力来助推，尽量节约航天器的燃料，这个想法太精彩了！太空中的运动确实不同于地面，没有大气层，不需要克服阻力。人造卫星也是这样，利用地球的引力，发射上天后便能不停地绕着地球旋转。如今蓬勃发展的现代通信工程，也离不了人造卫星。欲知详情，且听下回分解。

第 10 节
气象通信科研忙　人造卫星立大功

任何国家想要独立地发展自己的航天事业，都需要从发射第一颗人造地球卫星（或简称卫星）开始。克服第一宇宙速度，是走向太空的第一步。

苏联和美国先后发射的人造卫星让全世界为之振奋，各大国也都跃跃欲试。法国在 20 世纪 60 年代首先打破了苏、美的太空垄断，将自己的第一颗卫星推上了太空。

"二战"后从德国 V2 导弹受益的不仅仅是美国和苏联，法国和英国也在其中。当美国人将冯·布劳恩带到美国去进行火箭研究的同时，法国也聚集了 40 位德国火箭专家和工程师，英国则用得到的火箭进行组装实施了多次试飞。

英国在"二战"中受 V2 导弹之害最深，英国科学家对此而研究的"逆火行动"也颇为成功，他们让 V2 火箭在坠入北海之前，从荷兰发射至太空边缘。这个实验的成功使得英国星际学会的学者工程师们兴奋不已，深感 V2 导弹的技术超前，已经完全可能将其转变为进入太空的"载人火箭"。1946 年，学会成员史密斯为此提交了一份详尽可行的方案，但却未得到政府的批准，英国也由此错失良机，让美国在载人航天上独占鳌头。英国最终放弃了 V2，在这个后继研究领域中无所作为。

法国人不一样，法国早期就有一位与美国戈达德同时代的航天先驱埃斯诺·佩尔特里（Esnault Pelterie，1881—1957）。他既研究航空，又研究航天，做出不少奠基性的贡献，是法国航空航天这两个领域的先驱人物。

1958 年，雄心勃勃的戴高乐执政后，不甘心只有苏、美进行太空竞争而法国却似乎被"拒之于外"的世界局面。他大力推动火箭及航天的研究，其成果便是 1965 年使法国成为了第三个发射卫星的国家。

此外，也有几个在航天技术上后来者居上的东方国家，包括日本、中国和印度。

中国是古代火箭的发源地，当然也应该发展现代火箭技术，加入到国际航天俱乐部中。这是当年中国物理学家及相关工程人员的美好愿望，也是促成像钱学森、赵九章这些受西方教育的科学家们纷纷回到祖国的动力。

1957 年和 1958 年，苏联和美国分别发射了第一颗卫星。那个年代的中国老百姓对"放卫星"这个词汇一点都不陌生，但却是包含着另一层意思，因为中国正在开展"大跃进"运动，各行各业每天都在"放卫星"！不过，火箭航天方面的中国专家们倒真是没有闲着，他们在周总理的鼓励下，开始了发射真正"人造卫星"的计划。

1970 年 4 月 24 日，中国成功地发射了第一颗人造地球卫星——"东方红一号"，不过日本抢先了一步，比我们早了 3 个月左右。但日本的第一颗卫星只有 23.8 kg，中国的卫星是 173 kg，比 4 个更早发射的"第一颗"加起来的总质量还要多。美国当年的第一颗卫星只有 8.2 kg，被嘲讽为"美国将一颗柚子送入了太空"。如今，美国、日本等国的第一颗卫星早就已经坠落在大气层中，我们的"东方红一号"却还在天上转动！中国的科学家的确为中国人争气，成功研制发射了这颗让中国人引以为傲的大卫星，在宇宙中响起了"东方红"。但甚为遗憾的是，卫星计划的主要倡导者、组织者和奠基人之一的赵九章，却没有等到这一天，他在 1968 年，便因不甘忍受迫害而自杀身亡了。其他的很多参与者，都是在"牛棚"里听到太空传回地球，再经中央电视台转播的"东方红"的。

可不要小看了人造卫星，它不仅仅是人类进入太空的标志，而且算是如今航天工程中最有实用价值的航天器。可以说，飞往月球和其他星球的探测器的目的是服务于人类的未来，而卫星则是服务于当今文明世界。它们已经成为许多现代技术必不可少的部分。卫星在军事和经济上具有重要价值，因此发展最快，数量也很多。其外貌千姿百态，用途五花八门，据 2013 年的资料，全球共发射了 6600 颗人造地球卫星，其中包括中国发射的 200 多颗，是航天器中最兴旺发达的家族。

与我们日常生活关系最为密切的卫星是通信卫星、气象卫星、导航定位卫星和科学卫星等。人人都明白登高才能望远，卫星实质上就是一些高悬在太空的自动化工作台或科学研究站。几颗卫星联合起来便具有了对地球进行全方位观测和交流的能力，这是其他地面手段无法比拟的。如图 10-1（a）所示，在一定的高度上，使用 3 颗通信卫星，通信范围便可以覆盖全球。

气象卫星根据轨道的形态分为两大类：太阳同步极地卫星和地球同步卫星。

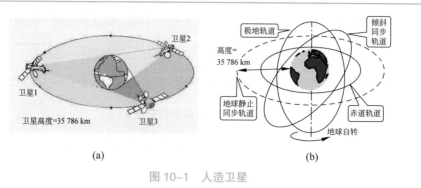

(a)   (b)

图 10-1　人造卫星

（a）3 颗通信卫星覆盖全球；（b）卫星按轨道形态的分类

首先，卫星的轨道有高度上的差异，由此可将卫星分为低轨（2000 km 以下）、中轨（介于 2000~35 786 km 之间）和高轨（等于或高于 35 786 km）。低轨卫星不能太低，起码要几百千米，大大高于大气层，否则卫星运动容易受大气的影响而掉下来。中国的"东方红一号"至今没有坠毁的原因便是轨道较高。当然，卫星轨道也不是越高越好，在高处看到的范围大，但距离目标太远就会看不清楚。低轨卫星靠近地球，可以对地球表面看得更仔细，所以资源卫星与军事间谍卫星大多是采取低轨道飞行。有些气象卫星为了拍摄到更详细的资料，也采用低轨。

卫星轨道的另一个参数是轨道平面与赤道面的倾角。轨道面与赤道面一致的叫作赤道轨道，如果卫星不是绕着赤道转，而是绕着南北极转，则称为绕极轨道卫星。图 10-1（b）显示了卫星经常采用的几种轨道形态。

从图 10-1（b）中可见，赤道轨道卫星可以有不同的高度，其中有一种特别的卫星，称之为"地球静止轨道同步卫星"。同步的意思是说，卫星运动与地球自转同步，即卫星绕地的周期与地球自转的周期一样。这种"同步"的结果，就使得卫星在天上的位置看起来是固定不动的，静止的。这种地球静止同步卫星，有时也被简称为"同步卫星"，但是实际上严格而说，"同步"并不一定是"静止"的，比如像图 10-1（b）中所画的另一条"倾斜同步轨道"就不是静止轨道，一般所指的同步轨道，是说不倾斜的赤道面上的静止同步轨道。

所有静止同步轨道卫星距离赤道的高度 h 都相同，等于 35 786 km，这个数值可以简单地从牛顿力学计算得到。为了计算这个高度，我们再重温一下"月亮不会掉到地球上"的简单道理。月球不会掉下来，也不会飞离地球，是因为它的速度在那个位置产生的离心力正好平衡了地球引力。人造卫星的道理也是一样，静止卫星的速度要使其同步于地球自转，只有将它们放在某一个高度 h，离心力才能刚好平衡引力。

设卫星质量为 m，地球质量为 M，半径为 R，自转周期为 T，万有引力常数为 G，利用下列"牛顿引力等于离心力"的方程：

$$G \frac{Mm}{(R+h)^2} = m \frac{4\pi^2}{T^2} (R+h)$$

代入已知数据，则可得高度 h 等于 35 786 km。

放在这个高度的卫星绕行地球转一圈的时间（公式中的 T）正好是 24 小时，该时间内地球也刚好转一圈。所以，从地面上看起来，卫星似乎是挂在天空某个定点固定不动，故称静止卫星，见图 10-2（a）。这种卫星的优越性显而易见，那是真正可以等效于一个延伸到了太空的"地面"气象观测站或通信站。

前面介绍过，通信网络中使用 3 个静止卫星便能覆盖全球。气象卫星一般有两种：绕极卫星和静止卫星，前者可以飞经地球的每个地区，巡天遥看整个地球周围气流、温度等的空间分布，拍摄全球的云图；后者则可观测和监督地球上某固定范围内随时间的风云变幻。两种卫星相得益彰，联合起来为人类提供尽量准确的气象服务。

地球静止轨道的概念由英国著名科幻作家兼科学家亚瑟·克拉克于 1945 年

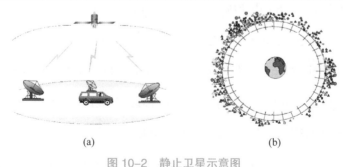

(a)　　　　　　　　　　　(b)

图 10-2　静止卫星示意图

（a）卫星在天上的位置"固定"；（b）拥挤的克拉克带

提出，为了纪念他，海平面以上大约 36 000 km 的地方有一片区域可以作为类静止轨道来使用，被称为克拉克带。

静止卫星有这么多优点，每个国家都需要，但它们又都要运行在一种高度，即克拉克带上。那么就由此产生了两个问题：一是大家的轨道都相同，转来转去是否会互相碰撞呢？二是那个高度上的赤道轨道只有那么一圈，称之为"黄金圈"，圈内位置有限，发射的卫星越来越多，克拉克带越来越拥挤，见图 10-2（b），是否会"星满为患"呢？第一点不成问题，因为虽然所有的静止卫星都共用一条"跑道"，但大家的速度都一样，前前后后，排着队跑，没有"争先恐后"，谁也不超过谁。所以，只要发射的时候不相撞，后来基本也不会相撞。第二点倒是需要考虑的，国际上也为此制定了一些规则，正在完善之中。

迄今，人类的眼光看得很远，但脚步还只在太阳系中徘徊，顶多就是走到了边缘而已。到底在太阳系中探索了些什么？下一章中，将带领你到茫茫星海中游览……

第 3 章

星海拾贝

"天地玄黄，宇宙洪荒，
日月盈昃，辰宿列张。"

——千字文

第 11 节
恒星也有生老死　太阳尚在中青年

宇宙是如此浩渺，但人造物体能够到达的，还主要限于太阳系这个大家庭内部，这些人造物体丰富和加深了我们对太阳及其八大行星的知识。

古人望着满天繁星说："天上一颗星，地上一个人。"他们将星星看作地球上人的化身，用心目中的英雄人物为最亮的星座命名。如今的孩子们，早就知道了星星并不是人，他们要问的问题可能是："星星是不是也有生老病死呢？"

的确，星星和人一样，也有生老病死。不过，星星的寿命要比人类个体的寿命长得多，经常需要以"亿年"为单位来计算！

从天文观测的角度看，恒星会主动发光，而行星只是被动地反射或折射恒星发出的光线而已。恒星的质量较大，它们"心中燃着一把火"，它们的生命过程轰轰烈烈、多姿多彩。科学家们将各类恒星的诞生、演化，直至死亡的整个过程，称之为"恒星的演化周期"。根据恒星质量的不同，它们的演化周期（寿命）也大不相同。一般而言，恒星质量越小则寿命越长，从几百万年到数兆年不等。

那么，首先让我们考察一下我们这个大家庭的主人，离我们最近的恒星——太阳。太阳诞生于何时？经历了什么样的生命周期？它还能照耀多久呢？太阳的"生死"决定了大家庭成员们的生死，也与我们地球上人类的生存息息相关，千万不可小觑。

目前的太阳几乎是一个理想球体，从中间向外依次为核心区、辐射区和对流区（图 11-1（b）左上太阳内部示意图）。恒星发光的原因是它们内部有热核反应，太阳也是如此。公众熟知的核反应例子是世界上一些大国掌握的核武器：原子弹和氢弹。前者的物理过程叫作"核裂变"，后者则叫作"核聚变"。裂变指的是一个大质量的原子核（例如铀）分裂成两个较小的原子核，聚变则是由较轻的原子核（例如氢）合成为一个较重的原子核，比方说氢弹便是使得氢在一定条件下合成中子和氦。无论是裂变还是聚变，反应前后的原子核总质量都发生了变化。爱因斯坦的狭义相对论认为质量和能量是物质同一属性的不同表现，它们可以互相转换。在两类核反应中都有一部分静止质量在反应后转化成了巨大的能量，并且被释放出来，这就是核武器具有巨大杀伤能力的原因。太阳内部所发生的，是与氢弹原理相同的核聚变。

核聚变要求的条件非常苛刻，需要超高温和超高压。人为地制造这种条件不是那么容易，虽然人类已经有了氢弹，但那是一种破坏性的、对付敌人的武器，要想办法控制这种能量而加以和平利用，仍然是困难重重。可是，在太阳的核心区域中却天然地提供了这一切难得的条件。那里的物质密度很高，大约是水

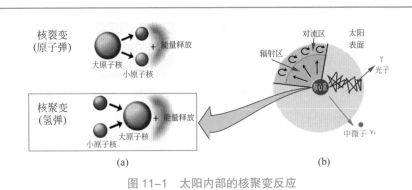

图 11-1　太阳内部的核聚变反应

（a）核反应；（b）太阳中心的热核聚变

密度的 150 倍，温度接近 $1.5 \times 10^7 ℃$。因此，在太阳核心处进行着大量的核聚变反应。

太阳内部的热核反应会产生大量能量极高的伽马射线，这是一种频率比可见光更高的光子，同时也产生另外一种叫作中微子的基本粒子。因而，在我们的宇宙中，不仅飞舞着各种频率的光子（电磁波），也飞舞着大量的中微子！中微子字面上的意思是"中性不带电的微小粒子"，是 20 世纪 30 年代才发现的一种基本粒子。中微子有许多有趣的特性，有待人们去认识和研究。比如说，科学家们原来以为中微子和光子一样没有静止质量，但现在已经认定它有一个很小很小的静止质量。

如图 11-1（b）所示，光子从太阳核心区出来后的轨迹弯弯曲曲，平均来说，要经过上万年到十几万年的时间，才能从太阳核心区到达太阳的表面，并且从伽马射线变成了"可见光"，继而再飞向宇宙空间。中微子的行程则是直的，两秒钟左右便旅行到了太阳表面，并且逃逸到太空中去了。

无论如何，太阳系大家庭的有用能量之来源是太阳核心区的核反应。聚变反应的每一秒钟，都有超过 $4 \times 10^6 t$ 的物质（静止质量）转化成能量。如此一来，科学家们不由得担心起来：太阳以如此巨大的速度"燃烧"，还能够烧多久呢？简单的计算可以给我们一个近似的答案。太阳的质量大约是 $2 \times 10^{27} t$，每秒钟烧掉 $4 \times 10^6 t$，每年大约要烧掉 $10^{14} t$。因此，如果太阳按照这个速度进行核反应，大约还能燃烧 10^{13} 年，即 100 亿年。这个结论只是粗略的估算，太阳具体的演化过程，可参考图 11-2。

恒星的生命周期和演变过程取决于它最初的质量。大多数恒星的寿命在 10 亿岁到 100 亿岁之间。粗略一想，你可能会认为质量越大的恒星就可以燃烧更久，因而寿命更长。但事实却相反：质量越大寿命反而越短，质量小的（矮子）细水长流，命反而长。比如说，一个质量等于太阳 60 倍的恒星，寿命只有 300 万年，而质量是太阳一半的恒星，预期的寿命可达几百亿年，比现在宇宙的寿命还长。

图 11-2 显示了恒星诞生后的演化过程。太阳是在大约 45.7 亿年前诞生的，目前"正值中年"。太阳在 45 亿年之前，是一团因引力而坍缩的氢分子云。科学家们使用"放射性测年法"得到太阳中最古老的物质是 45.67 亿岁，这一点与估算的太阳年龄相符合。

恒星自身的引力在演化中起着重要的作用。世界万物之间存在的引力使得两个质量互相吸引。一个系统中，如果没有别的足够大的斥力来平衡这种吸引力的话，所有的物质便会因为引力吸引而越来越靠近，越来越紧密地聚集在一起。并且，这种过程进行得快速而猛烈，该现象被称为"引力坍缩"。在通常所见的物体中，物质结构是稳定的，并不发生引力坍缩，那是因为原子中的电磁力在起着平衡的作用。

在恒星形成和演化过程中存在引力坍缩。所有恒星都是从分子云的气体尘埃坍缩中诞生的，随之凝聚成一团被称为原恒星的高热旋转气体。这一过程也经常被称作引力凝聚，凝聚成了原恒星之后的发展过程则取决于原恒星的初始质量。太阳是科学家们最熟悉的恒星，所以在讨论恒星的质量时，一般习惯将太阳的质量看成是 1，也就是用太阳的质量作为质量单位。

质量大于 1/10 太阳质量的恒星，自身引力引起的坍缩将使得星体核心的温度最终超过 1000 ℃，由此启动质子链的聚变反应，氢融合成氘，再合成氦，大量能量从核心向外辐射。当星体内部辐射压力逐渐增加并与物质间的引力达成平衡之后，恒星便不再继续坍缩，进入稳定的"主序星"状态。我们的太阳现在便是处于这个阶段，如图 11-2 所示。

质量太小（小于 0.08 倍太阳质量）的原恒星，核心温度不够高，启动不了

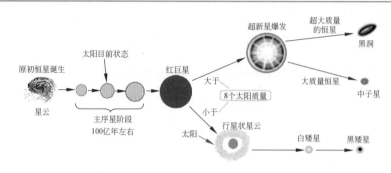

图 11-2　恒星的生命周期

氢核聚变，就最终成不了恒星。如果还能进行氘核聚变的话，便可形成棕矮星（或称褐矮星，看起来的颜色在红棕之间）。如果连棕矮星的资格也够不上，便无法自立门户，最终只能绕着别人转，变成一颗行星。

太阳的主序星阶段很长，有 100 亿年左右。到目前为止，太阳的生命刚走了一半。并不是所有恒星的生命演化过程都和太阳一样，恒星最后的归宿是什么？主要取决于恒星的质量。从主序星到红巨星阶段，大家的过程差不多，后来则因为质量不同而走了不同的路，见图 11-2。分叉点是在"8 倍太阳质量"之处，对应于"钱德拉塞卡极限"。这个界限值是由印度物理学家钱德拉塞卡在 20 多岁时发现的，他为此而在 70 多岁时荣获诺贝尔物理学奖。

图 11-2 中向下的分岔是质量小于 8 倍太阳质量的恒星演化过程，也就是我们太阳将来要走的路。太阳在主序星阶段中，温度将会慢慢升高。当它 100 亿岁左右时，核心中的氢烧完了，但是内部的温度仍然很高，就开始烧外层的氦。于是，太阳会突然膨胀起来，体积增大很多倍，形成红巨星。经过了红巨星之后，可以进行聚合反应的元素燃烧完了，星体慢慢冷却下来，逐渐坍缩，体积从红巨星大大缩小，星体中的物质以离子和电子云的状态存在。电子是费米子，遵循泡利不相容原理，任何两个电子都不能处于完全同样的状态。然而，逐渐

缩小的星体体积却力图迫使它们处于相同的（简并的）状态，如此便在星体中产生一种"电子简并压"与引力坍缩作用相抗衡。也就是说，引力坍缩的作用要使星体体积越变越小，而电子简并压则使得星体体积增大，才能有更多的空间容纳更多的电子状态。两者在某个点取得平衡，形成白矮星。这里我们用"矮"字来表示那种体积小但质量大的星体。天文学中有 5 种小矮子：黄矮星、红矮星、白矮星、褐矮星、黑矮星。白矮星白而不亮，还能够慢慢散发出暗淡之光，延续若干亿年，最后什么光都没有了，变成黑矮星。这便是这一类质量小于 8 倍太阳质量的恒星（包括太阳）的归宿。

质量大于 8 倍太阳质量的恒星，后来的结局有所不同。它们内部的引力太大了，压抑太厉害了爆发起来也厉害。爆发成了一个红巨星还不能使它们过瘾，紧接着又爆发成一颗亮度特大的超新星。超新星之后才慢慢冷却，内部的巨大引力使得其中的物质逐渐坍缩。这次坍缩的结果又会是什么呢？即使经过了与白矮星类似的电子简并压阶段，但因为质量太大，电子简并压抗衡不了引力以达到新的平衡。那么最后，物质将坍缩到哪里去呢？这些问题困惑着 20 世纪二三十年代的物理学家们。当时从实验中已经发现了电子和原子核，但中子尚未被发现。后来，实验物理学家发现并证实了"中子"的存在，证明物质是由电子、质子和中子组成的。这个消息立即传到了哥本哈根，量子力学创始人玻尔（1885—1962）召集讨论，正好在那里访问的著名苏联物理学家朗道（1908—1968）立刻将这个发现与恒星坍缩问题联系起来。朗道敏锐地认识到，质量大于 8 倍太阳质量的恒星，将坍缩成为"中子星"。也就是说，巨大的引力作用，将使得电子被压进氦原子核中，质子和电子将会因引力的作用结合在一起成为中子。中子和电子一样，也是遵循泡利不相容原理的费米子。因此，这些中子在一起产生的"中子简并压"力，可以抗衡引力使得恒星成为密度比白矮星大得多的稳定的中子星。

中子星的密度大到我们难以想象：$10^8 \sim 10^9$ t/cm^3。

不过，恒星坍缩的故事还没完！后来在"二战"中成为与原子弹有关的"曼哈顿计划"领导人的奥本海默，当时也是一个雄心勃勃的年轻科学家。他想：白矮星质量有一个钱德拉塞卡极限，中子星的质量也应该有极限啊。一计算，果然算出了一个奥本海默极限。

超过这个极限的恒星应该继续坍缩，结果是什么呢？如同图 11-2 右上方所显示的，这种超大质量恒星最后将坍缩成一个"黑洞"。有关黑洞，我们将在后面介绍。

虽然科学家们在 20 世纪 30 年代就预言了中子星，甚至黑洞，但是真正观测到类似中子星的天体却是在 30 多年之后。

中子星和白矮星都是已经被观测证实在宇宙中存在的"老年"恒星。天文学家们也观测到很多黑洞，或者说观测到的是黑洞的候选体。将它们说成是"候选"的，是因为它们与理论预言的黑洞毕竟有所差别。例如，离地球最近的孤立中子星位于小熊星座，被天文学家取名为"卡尔弗拉"（Calvera）。这种中子星没有超新星爆发产生的残余物，没有绕其旋转的星体，因为发出 X 射线而被发现。

太阳的最后"归宿"是白矮星。但是，我们中的任何人都等不到那一天，好几十亿年，实在太长了！不过，银河系中如此多的恒星给我们展示了这两种星星的样板。在离太阳系大约 350 ly 远的地方，有一对有趣的联星系统，正好由一颗红巨星和一颗白矮星组成，它们的英文名字叫"Mira-A"和"Mira-B"。Mira 的中文名是蒭藁增二，来自中国古代的星官名。

前面的章节中说到人类社会中的各个大国正在进行太空争夺战。十分有趣

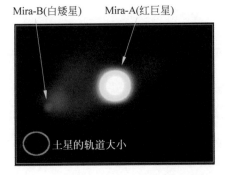

图 11-3　Mira-A 和 Mira-B（图片来源：NASA）

　　的是，宇宙中的各个天体之间，也在进行着无言的、永恒的争斗。天体之间最基本的力是引力，但很多天体周围都有电磁场，因此星体间的电磁作用有时也起主导作用。在这两种长程力的作用下，天体之间互相影响，互相制衡，形成宇宙中一幅十分有趣的物理图景。

　　地球和太阳间的电磁场也有"搏斗"，欲知它们如何搏斗，且听下回分解。

第 12 节

大伞撑起地磁场　变幻莫测太阳风

太阳的活动情形与人类在地球上的生存环境息息相关，因此，太阳自然地成为人类航天计划最重要的探索目标。20 世纪 90 年代，以"尤利西斯号"（Ulysses）、太阳和月球层探测器（Solar and Heliospheric Observatory, SOHO）等为代表的一系列太空飞船的任务，还有最近的欧洲空间局与中国科学院合作的"SMILE"计划，目标都是直指太阳以及地球附近空间的辐射带。

俗话说得好："万物生长靠太阳。"太阳发光又发热，供给地球上生命所需的一切热量和能量。然而，太阳除了向四周辐射光和热之外，还有一个不广为人知的向宇宙空间"发威"方式，叫作"太阳风"。

1. 从彗星尾巴的方向说起

人类对太阳风的最初认识，开始于对彗星尾巴形状和方向的观察。古人并不知道有什么"太阳风"，他们只是根据观测资料，将彗尾的方向与太阳所在的位置联系起来。《晋书·天文志》中指出："彗体无光，傅日而为光，故夕见则东指，晨见则西指。在日南北，皆随日光而指。"

古代的观测手段有限，用肉眼就能看到的大彗星毕竟是少数。彗星周期很长，从几十年到百万年都有。比如，人类了解最多的哈雷彗星，属于"短周期彗星"，周期也有 76 年。因此，古人们将这些多年难得来访一次的"稀客"看

82

着是不祥之兆，称为扫帚星。实际上，现代天文观测资料告诉我们，太阳系中彗星的数目可以说是多到"不计其数"，到 2016 年 8 月为止，有记载的彗星便已经有 3940 个 [7]。

美丽的彗星总是拖着长长的尾巴。彗星的直径仅几十千米，但彗尾却可以长达几千千米。一般而言，彗尾不止一条。比如 2006 年发现的麦克诺特彗星，多条彗尾如孔雀开屏一样呈扇形张开在天空中，异常得壮观和美丽。拥有两条彗尾的彗星十分普遍，其基本成因也有科学的解释：一条叫尘埃尾，另一条叫作离子尾，见图 12-1（金黄色的是尘埃尾，蓝色的是离子尾）。尘埃尾是由跟随彗核一同运动的尘埃物质（气体、沙粒、小石块）反射太阳光而形成，因此它通常呈现黄色或者红色，尘埃尾的方向除了与太阳位置有关以外，还与彗星自身的运动速度和方向有关，也正是因为彗核的轨道运动对周围尘埃物质的"拖曳"作用，尘埃尾有时看起来是弯曲的弧形。离子尾的形成与"太阳风"有关，它永远都指向背对太阳的方向。乍一听有点不可思议，地球上会刮风，是因为地球上有大气，太阳怎么也会"刮风"呢？难道太阳上也有"大气"？确实如此，只不过与地球大气的成分不完全一样而已。太阳风来自太阳大气的最外层，即

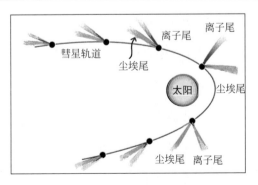

图 12-1　彗星中的离子尾总是背朝太阳方向

日冕，其主要成分是等离子体。所以，太阳刮出来的是"等离子风"。

太阳风中包含着大量的带电粒子，这些粒子运动时会形成磁场，到达彗星附近时与彗核周围的磁场相互作用而发光。因此，离子尾跟随的是太阳风的磁力线，而不是彗星轨道的路径，所以总是指向背对太阳的方向。此外，太阳风的速度非常快，远远大于彗星的运动速度，因此离子尾看起来不像尘埃尾那样呈现出弯曲美妙的弧形，而总是笔直、硬邦邦地向外延伸出去。离子气体中含有光谱为蓝色的 Co^+ 离子，因而使得大多数离子尾呈蓝色。

起初，科学家们用来自太阳辐射的"光压说"来解释彗星的离子尾，但计算表明光辐射产生不了这么大的压力。1958 年，尤金·派克（Parker）认为日冕外层的太阳大气会逃逸到空间中去，因此而预言应该有一股强劲的等离子体风从太阳不间断地吹出来，充斥了行星间的空间。但当时的大多数科学家反对派克的太阳风假说，他的观点遭到嘲笑，论文也被拒稿。直到 20 世纪 60 年代人造卫星上天后，强有力的观测事实才证实了太阳风的存在。

2. 太阳风的来龙去脉

太阳的辐射能来源于核心的核聚变，核心温度高达 1.5×10^7 K，然而太阳表面处温度下降到 5800 K 左右。太阳表面的上方，便是大概可分为 3 层的太阳大气：紧靠着太阳表面的薄薄的光球层（500 km 左右），然后是 1500 km 左右的色球层，最外层的日冕可以延伸到几个太阳直径甚至更远。但日冕区的亮度却仅为光球层的百万分之一，只有在日全食的时候才便于观测。

按照常理来分析，似乎距离太阳核心越远的太阳大气层，温度应该越低，但事实却不是如此。从 5800 K 的光球层开始，色球层的温度起初略有下降，但后来急剧升高到 27 000 K 左右，到了日冕区域，温度甚至达到了几百万开的高温，见图 12-2（a）。

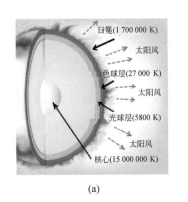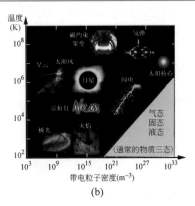

(a)

图 12-2　太阳大气
（a）太阳大气层的温度；（b）物质的第四态：等离子体

　　与地球的大气相比，太阳大气的物质密度要稀薄得多，最密的光球层，密度也大约只有地球（海平面）大气密度的 0.1%，色球和日冕的密度就更小了。我们在地球上看到的太阳，是一团闪亮的金黄色火球，那基本上是来自于光球层的可见光辐射。产生于高温日冕层的太阳风主要辐射的是带电粒子流，也称为等离子体流。

　　日冕的高温是如何形成的？这仍然是困惑物理学家的一个未解之谜。但温度极高的事实却是被光谱分析以及各种间接观测手段所证实了的。太阳的主要成分是氢和氦，在几百万开的高温下，氢原子和氦原子中的电子都纷纷从原子核的束缚中"解放"出来，成为自由电子，与带正电的离子混合在一起作高速运动，这种混合物被称之为"等离子体"。等离子体是物质的第四态，因为它不同于原来意义上的物质三态（固体、液体、气体）。图 12-2（b）显示了各种等离子体得以存在的密度及温度范围。

　　等离子体的形态类似气体，但是由离子及电子组成的，它们广泛存在于宇宙中，是宇宙中丰度最高的物质形态。其实，在我们的日常生活中也经常见到它们，比如说火焰、霓虹灯、氢弹等。当今世界各国试图攻克的受控热核聚变反应，其研究对象便是等离子体。

日冕跟火焰的密度相近，但是温度却要高出 3~4 个数量级。所以，太阳就像是一团悬浮在宇宙中的熊熊燃烧的超大火焰。地面上的空气流动能形成风，在日冕的高温等离子体中，不停地有某些摆脱太阳引力的高速粒子向外流出，形成"太阳风"。

3. 地球磁场随"风"起舞

与太阳的光辐射相比，太阳风的能量是很小的，大约只有光辐射能量的十亿分之一。然而，太阳大火吹出来的"等离子风"对地球的作用却非同小可。

等离子体是由质子、α 粒子、少数重离子和电子流组成，太阳风将这些带电粒子以 300~800 km/s 的速度"刮"到地球，这些速度大大超过空气中声速的粒子产生的磁场效应影响地球，使得地球磁场随风而舞。

幸好有地球磁场，它为我们抵挡住太阳风的袭击，否则地球人可就惨了。在图 12-3（a）的示意图中，从左上方日冕处刮向地球的太阳风，改变了地球磁场的形状，看起来似乎是将地球附近的磁力线"刮"向了后方，而新形成的

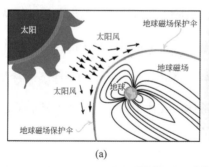
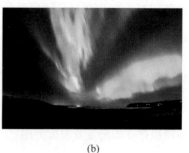

(a)   (b)

图 12-3　太阳风和地球

（a）地球磁场抵挡太阳风；（b）美丽的极光

地球外围磁层就像一把遮阳大伞，顶住了太阳风，为地球撑起了一把保护伞。虽然不可见的两股电磁力在地球上方无声地激烈战斗着，但这把地磁大伞形成了一片安全的空腔，保护着地面上包括人类在内的生命体不受高速带电粒子的危害，也保护着空间基础设施，如卫星等的正常工作。

光球层的光辐射只需要 8 min 就能抵达地球，太阳风中的带电粒子却需要飞行 40 h 左右。这些粒子到达地球后，被磁场"大伞"阻挡在外，只好绕道而行。然而，"风"有风的特性，有时轻柔缥缈，有时风云突变。太阳风也是如此，太阳磁场的活动性大约以 11 年的周期变化，此外还有突发事件，比如当太阳突然剧烈活动时，太阳风也就来得迅速而猛烈。大伞百密一疏，总会有漏洞，免不了闯进一些"不法分子"，这些随风飘来的高能离子，沿着地球附近的磁力线侵入地球极区，与极区上空的大气层作用而放电，产生壮观绚丽的极光，见图 12-3（b）。

图 12-3（b）可见，极光五彩缤纷，呈现各种颜色，那是因为带电粒子进入不同高度的大气层时，碰到不同的原子（主要是氧和氮）所致。变化的太阳风，碰到了变化的地球风，两风相斗，互相作用，使得产生的极光"随风舞动"，美丽玄妙，变幻无穷。

北极光和南极光固然使人类着迷，吸引人们不远万里到极地观赏这一大奇观。但是，在这种太阳活动的非常时期，科学家、工程师和某些行业的特别技术人员们，往往正在为太阳风带给地球的一些其他影响而忙碌：也许是某种局部的破坏性灾难；也许是使得气温增高、气候反常；也许是卫星失去控制；也许是使电力网瘫痪、互联网失效、通信中断，甚至还可能对人体引起一些说不清的效应，诸如身体疾病增多、心理情绪波动等。

科学家们也能借此难得的机会研究太阳和太阳风。实际上，无论正常期还是非常期，科学家们一直都在研究太阳风。特别是进入航天时代以来，NASA及其他国家发射了多个监测太阳的航天器：如1980年的"太阳峰年卫星"，1990年的"尤利西斯号"，1995年的"轨道太阳望远镜"，2006年的"日地关系天文台"等。

1989年3月13日2时44分，加拿大魁北克水力发电厂的控制系统突然崩溃[8]，来路不明的异常高压导致电力网短路，致使大面积电网瘫痪长达9 h；同时，自由欧洲电台的信号受到干扰。"冷战"时期的西方政府分外敏感，一开始有人担心这可能是来自苏联的第一波核武器攻击。但之后立刻发现一些相关现象：绕极轨道的卫星失去控制、气象卫星的通信中断、日本也发生卫星失控现象。更重要的是，几乎同时，在极区产生了强烈的极光，连远在美国南方的得克萨斯州都能看见。证据表明，这些异常现象是来自于大约3天前太阳上发生的一次"太阳活动爆发"，太阳风把这次"爆发"的效应传递到了地球上。

之后还多次观察到太阳活动爆发引起的地球灾难：1989年8月，另一个"爆发"影响到多伦多股票市场的微芯片，导致交易停顿；1991年4月29日，强"爆发"破坏美国缅因州一处核电站；1994年1月20—21日，"爆发"使加拿大两个通信卫星发生故障；1998年5月19日，美国和德国都有通信卫星发生故障……

太阳和太阳风对人类如此重要，天体物理学家们当然要利用先进的现代航天技术，来获取太阳活动数据，从而验证他们的理论，减少太阳风的危害。"尤利西斯号"便是人类派出的一个太阳探测器，欲知"尤利西斯"如何探测太阳，且听下回分解。

尤利西斯是罗马神话中智勇双全的英雄,我们这里要介绍的是,代替人类飞向太空,去探测太阳极区的机器英雄"尤利西斯号"探测器。"尤利西斯号"和它得以命名的神话英雄一样"勇敢机智",在按预定路线遨游太空的征途上顽强拼搏、大获全胜。从 1990 年发射,到 2008 年,整整 18 年的服役期中,不但顺利完成了设计者最初期望的 5 年的任务,还多活了 13 年,提供给科学家们许多有用的资料,带给了人们额外的惊喜。

据说"尤里西斯号"曾一度差点被"冻死",因为它显示出供电严重不足,有可能出现能引起燃料冻结的低温。但令人惊奇的是它竟在遭此劫难之后又顽强地支撑了一年,并传回不少有价值的科学数据,最后,"尤里西斯号"的通信能力逐渐减弱,于 2008 年 6 月 30 日被正式关闭,结束了"英雄"的使命。

1. 神秘的极区

NASA 和欧洲空间局发射"尤利西斯号"的目的,是要探索太阳的两个极区:太阳南极和太阳北极。

极点总是神秘而有趣的地方。人类在 100 多年前,征服地球的北极和南极的过程中就有很多令人动容的故事。如今我们很难想象当年的地球极区征服者所遇到的困难,但看看他们使用的交通工具也许能给我们一些启迪:由于地球极区的特殊地理条件和气候环境，当年征服两极的先驱们使用的交通运输工具基本上都是"狗拉雪橇"。

20世纪初，美国探险家皮尔里用狗拉着雪橇首次到达了北极点，为北极探险写下辉煌的一页。从18世纪起，人类就开始了南极探险，英国库克船长历时3年8个月，航行97 000 km，环南极航行一周，但最终未发现陆地。

1911年12月14日和1912年1月17日，挪威的阿蒙森和英国的斯科特率领的探险队先后到达南极点。阿蒙森是第一个到达的人，斯科特在1个月后到达。但是，斯科特小队的5人不幸遇难，全部死于回程的路上，他们也成为后人心目中可歌可泣的南极探险英雄。

斯科特从南极点返回时运气不佳，碰上罕见的大风雪。一行人冒着呼啸的风雪，越过冰障，历尽千辛万苦，却舍不得将随途所采集的17 kg重的植物化石和矿物标本丢弃！斯科特看见同伴们一个接一个因为极其恶劣的生存条件和疾病的折磨而死去，他痛苦地写下最后一篇日记"我现在已没有什么更好的办法……结局已不远了……"虽然没有得到"第一次登上南极点"的荣耀，但斯科特等人留下的日记、照片，以及采集到的化石和标本，为后来的南极探险、地质勘测等，都做出了重大的贡献。科学需要付出，有时候甚至以生命为代价。虽然在现代，这种不幸已经越来越少，但前辈的精神，给我们留下珍贵的科学遗产。

据说斯科特等人的悲剧也有一部分是缘于自身的错误。他们没有像阿蒙森那样大量地使用"极地雪橇犬"，而是采用了狗、小马、拖拉机并辅以人力拖拉的混合运输方式。最后，小马因为不适应南极环境而死去，拖拉机难以行驶、掉进海里，导致最后物尽人亡的悲剧。

地球极区以其独特的魅力吸引着人类前去探索！太阳也有极区，对天体物理学家们而言，太阳的两极也是个奇特而神秘的未知地域。

无论太阳还是地球，都有地理上的"南北极"，也有磁性意义上的"南北极"，下文中将按照通常习惯："南极、北极"多指地理的南北极，磁极则用字母 S 与 N 表示。刚才介绍的探险英雄人物，探测目标是地球地理上的南极。地球像一个大磁铁，磁铁的 S、N 与地理上的南北极，位置相差一点点，方向正好倒过来。也就是说，地球的南磁极 S 位于北极圈内，北磁极 N 位于地理上的南极。太阳的情形也有些类似，并且太阳或地球的磁极都在不断地运动着，有时候甚至进行完全的掉转，即 S、N 互换。地球磁极互换的周期很长，大约每 30 万年才发生一次，而太阳的磁极则翻转得异常迅速，每 11 年 N、S 极点便对调一次。因此，从发射技术的角度而言，"尤利西斯号"的目标指向太阳的地理南北极。但天体物理学家们感兴趣的是太阳磁场的 N、S 极及其变化。特别是，人们越来越认识到太阳风对地球的重要意义，而太阳风更多地来自磁场极区附近的"冕洞"结构。太阳这团"大火焰"及其变化活动，在磁场的极区表现得尤为激烈，而人类对其规律仍然知之甚少，有待探索。

1990 年，阿蒙森和斯科特第一次到达地球南极之后将近 80 年，人类派出了"尤利西斯号"，目标直指太阳南北极。不过，太阳表面太热了，"尤利西斯号"在那里没法生存，聪明的设计者们当然不能让他们的"宠儿"直接飞到太阳上去自取灭亡，而是想办法让它尽量地接近太阳极点，"站"在一个合适的位置来观察太阳。

为什么需要发射一个太空探测器去探索太阳极点呢？难道通过地球上的大型望远镜不能观测到太阳的南北极吗？

事实正是如此，在地球上的确不容易观测太阳的南北极。地球绕着太阳转，两者又分别绕轴自转，太阳南北极连线多数时候是几乎垂直于行星的轨道平面（粗略而言，等同于黄道面），因而难以被观测到。可以打个这样的比喻：两个人与地面垂直、面对面站着，或者互相绕圈，都是很难互相看见对方的头顶或脚底部分的。特别是对地球而言，面对着比它大出许多的太阳，只能看见对方挺着一个"大肚皮"（图 13-1），要看到两端的北极和南极，就很困难了。

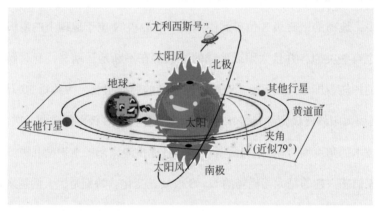

图 13-1 "尤利西斯号"的轨道与黄道面成近似 79° 的夹角

于是，科学家们想：如果能够将探测器发射到一个与黄道面构成较大角度（几乎垂直）的轨道上，不是就能够方便地观测太阳极区的情况了吗？见图 13-1。

2. 英雄身负重任上轨道

"尤利西斯号"是 NASA 与欧洲空间局的合作项目，首先主要由欧洲空间局设计制造，总质量为 385 kg，其中 55 kg 是包括太阳风等离子体探测仪在内的10 种科学仪器，设计的工作寿命为 5 年。1990 年 10 月 6 日，在美国佛罗里达州，由"发现号"航天飞机发射升空。探测器的控制中心位于美国加州的 NASA 喷气推进实验室。

科学家赋予"尤利西斯号"的基本任务是：进入合适的太阳轨道，飞越太阳南北极点，近距离观察太阳两极地区，探测太阳极区的秘密！更具体地说，它的使命是探测研究太阳风的特性、日光层磁场、太阳活动爆发、冕洞等，加深人类对太阳，特别是对太阳极区的认识。

如何才能达到这个目标呢？换言之，什么是适合探测太阳极点，又不至于被太阳"烧伤"的轨道？如图 13-1 所示，这个绕日轨道最好与黄道面近似垂直。然而，在发射航天器的过程中，为了使它达到一定的速度，一般都需要利用地球的自转，在顺着地球自转的方向发射。因为这个原因，发射的绝大部分探测器都是近似地在黄道面内运行，设计者们计划让"尤利西斯号"一开始也遵循这个原则，发射时沿着一条长椭圆形的绕地轨道飞向"太空"。

"尤利西斯号"并非盲目地飞向太空，它的第一个目标是飞向木星。更为准确地说，是飞向 2 年之后木星将到达的位置，在那里与木星"见面"。为什么飞向木星呢？这是设计者玩的一个花招，要让"尤利西斯号"从木星的轨道运动中"盗取"一点能量和角动量。重要的是，用这种方法（引力助推）使得"尤利西斯号"转换轨道：从原来绕地的椭圆轨道，转换"跳"到绕日的椭圆轨道上。

1990 年 10 月 6 日，"发现号"航天飞机进入轨道 6 h 之后，机上的宇航员打开货舱，将"尤利西斯号"探测器从舱内推出。接着，探测器利用它自身的三级火箭加速，提高飞行速度到每秒 16 km 左右，然后沿着绕地轨道，背对太阳而去。图 13-2 中画出了"尤利西斯号"的整个轨道图，它最初的轨道基本上

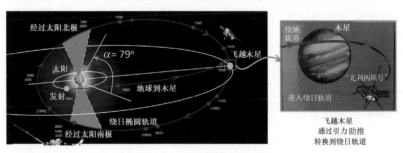

图 13-2　"尤利西斯号"的轨道

是在黄道面以内，由图中标识了"地球到木星"的中间那条红线表示。轨道图右边所示的放大图，显示航天器在木星附近的轨道转换情形。

经过 16 个月的航行，"尤利西斯号"于 1992 年 2 月与木星"碰面"。木星是太阳系中的行星之王，它的质量（$1.898 \times 10^{27}\,\mathrm{kg}$）相当于其他 7 个行星相加之总和的 2.5 倍，等于 318 个地球！如此大质量的木星附近的引力也很大，看起来几乎要把可怜的不到 400 kg 的"尤利西斯号"俘获成为它自己的卫星！不过，科学家们胸有成竹，他们经过了精确的计算，并且预先让"尤利西斯号"加速到了足够的速度，有足够的惯性来逃离木星巨大的引力。最后探测器绕着木星转了半圈（实际上是一个双曲线轨道）之后，借助木星的强大引力"荡了一下秋千"，获得了一个与黄道面垂直的速度。因此，"尤利西斯号"脱离了黄道面，"蹦"上了另一条绕日椭圆轨道，向着它的最终目标——太阳飞去！见图 13-2 中的红色椭圆。

神奇的引力助推，让探测器的绕日轨道（周期 6 年）以近乎垂直的角度，竖起在黄道面上。1994 年 6 月 26 日，"尤利西斯号"第一次接近太阳南极；1995 年 6 月 19 日，第一次通过太阳北极。"尤利西斯号"自投入使用至 1995 年 9 月为止，已经完成了原定设计任务。但令人惊喜的是，它精力仍然充沛，不想"退休"。它继续在轨道上飞行，对太阳开展进一步的探测研究。2000 年 11 月 27 日，"尤利西斯号"再次通过太阳南极地区；2001 年 9 月到 12 月第二次通过北极地区。2006—2007 年，"尤利西斯号"探测器第三次通过了太阳极区。

"尤利西斯号"3 次绕过日极，以超越原定"寿命"两倍以上的工作时间和探测研究超额完成了肩负的任务。这是人类第一次从三维立体角度探测太阳的南北极。太阳黑子的活动周期是 11 年，也是太阳磁场活动的半周期。"尤利西斯号"服役 18 年 9 个月，它在绕日轨道上运行了 14 年，涵盖了太阳的第 22~23

活动周期，见证了太阳活动从宁静期到高峰期，又转为低峰，拍摄了不少科学家们前所未见的现象，传回了大量有价值的观测资料。

3. 探测结果

（1）探测极区冕洞

"尤利西斯号"的目标是探测与太阳风有关的太阳磁场。太阳风实际上就是太阳磁场向周围宇宙空间的延续。如图 13-3（b）所示，在太阳的（磁性）赤道附近，磁力线是闭合的，吹出的太阳风也沿磁力线返回；在太阳的极区（N、S）上方有空洞（冕洞）存在，也就是太阳磁力线敞开的地方，太阳风便从此逸出。"尤利西斯号"在飞跃极地时，对太阳风进行取样，探测到了先前人们未预料到的高纬度的辐射暴，观测到极区太阳风从冕洞逸出的情形，见图 13-3（a）。

"尤利西斯号"主要研究了太阳整体的磁场，为后来发射的太阳探测器起了开路先锋的作用。之后的探测器又拍摄到了太阳表面磁场的超精细结构，见图 13-3（c）。

（2）观测磁极翻转

如上文所述，地球的磁极（N、S）位置与地理南北极是相反的，磁极互换的周期大约为 30 万年。这与人的寿命相比太长了，难以在短期内进行研究。而

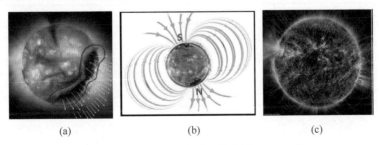

图 13-3 太阳的磁场（图片来源：NASA）
（a）太阳冕洞；（b）太阳磁场；（c）太阳磁场的精细结构（SDO）

太阳的磁极翻转周期（翻转又翻转）为 22 年，即磁极运动的半周期与太阳黑子活动的周期同步。为什么太阳磁极翻转与黑子有关？其中有何内在的奥妙？地球磁极翻转的周期又与什么有关呢？这些问题至今并无令人满意的答案。太阳磁极翻转快，便于进行研究，研究太阳的极区磁场可能会告诉我们自己星球上磁场的线索。因此，对太阳磁极翻转的观察数据不仅对太阳活动的研究者有用，地球物理研究也可能从中受益。此外，太阳磁场极性改变也可能对地球气候、高频无线电、卫星通信等有一定的影响。

"尤利西斯号"运行寿命为 18 年，几乎涵盖两个太阳黑子活动周期，也正好观察到了太阳磁极的翻转过程。

1994 年，"尤利西斯号"第一次飞越太阳南极（地理）地区时，正值日冕活动极小值时期，如图 13-4（a）所示。2000 年 11 月，"尤里西斯号"返回到离太阳 2.2AU（1 天文单位 AU 是从太阳到地球的平均距离）的南极地区时，发现磁场被分裂成多个方向，太阳活动接近最大值，磁场似乎正处于复杂重组的过程中，如图 13-4（b）所示。"尤利西斯号"绕日的轨道周期是 6 年左右，它对太阳磁场的 3 次观测结果证实了太阳磁极翻转为 11 年左右。

图 13-4 是太阳磁场翻转的示意图，"尤利西斯号"3 次飞跃极区观测到的太

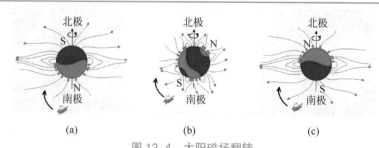

图 13-4　太阳磁场翻转

（a）活动极小期 1994 年；（b）活动极大期 2000 年；（c）下一次太阳活动极小期

阳风变化情形与此类似。从"尤利西斯号"得到的资料，可证实黑子活动规律是与太阳磁极翻转同步的。

（3）太阳风的速度及其他结果

太阳极区的冕洞吹出的太阳风是由带电粒子组成的等离子体流。"尤利西斯号"的南北极飞跃，使人们得以研究太阳南北极温度的差别，以及赤道和极区太阳风速度的差别等。

"尤利西斯号"测量了太阳附近不同位置的太阳风速度，发现太阳风的速度随着纬度的递增而加快。在南半球接近太阳赤道的部分，太阳风的速度大约只有 400 km/s；而在南半球高纬度上，太阳风速度大约为 750 km/s，几乎提高了 1 倍。此外，科学家通过对太阳的观测发现，太阳风正在逐年减弱，目前正处于有史以来最微弱的时期。

除了太阳产生等离子体流之外，宇宙中的其他恒星也产生各自的"风"。因此，宇宙空间中充满了"宇宙风"。科学家们设想，冕洞吹出强烈的太阳风，也有可能会让宇宙中别的粒子"风"大量涌入？但"尤利西斯号"的测量结果表明，事实并非如此，它没有在两极地区观测到预期的宇宙射线，这给天文学家们提出了一个新的课题：是什么原因在阻止宇宙线不进入太阳极区呢？

此外，1996 年 5 月，"尤利西斯号"还得到一个难得的机会，它穿过了"百武"彗星的尾巴，尤利西斯分析了彗尾的化学成分，发现其尾巴的长度至少有 3.8 天文单位。

"尤利西斯号"是探索太阳的英雄。但太阳系之外还有一个广漠无垠的、人类想要探究的宏大宇宙，那么，如今飞得最远的航天器是哪一个？飞到了哪儿呢？欲知答案如何，且听下回分解。

第 14 节
离地最远旅行者　高速飞入寰宇中

2012 年 8 月 25 日，美国地球物理联盟宣布"旅行者 1 号"探测器正式离开太阳系的"边界"，进入星际空间。这是迄今为止飞得最远的人造航天器，已经飞出了太阳系！但是，哪里是太阳系的边界呢？这个问题不是那么容易回答的。首先要看你如何定义这个"边界"。如果用一个恒星的"势力范围"来界定它的边界的话，也至少有 3 种明显的方式：①从它的引力所及的范围；②光辐射所及的范围；③恒星风所及的范围。

辐射作用和引力作用都遵从平方反比率，按距离的增长而下降，可以连续变化直到无穷，并没有一个清楚的边界。阳光照亮的范围显然不宜用来定义"边界"，因为太阳的亮度不会在某处戛然而止。太阳能不能被看见？这个概念包含了太多主观的因素，或者说取决于测量技术的发展。至于引力范围，也是个相当模糊的界限。曾经有人认为太阳引力的边界就是太阳引力不再占主导地位的区域，也许可以把太阳系边界定义到绕日旋转的最远的天体处？但是，考察一下行星及彗星的发现历史，就觉得这不是一个合适的方法。

过去认为冥王星是太阳系中最远的行星，但后来人类又陆续发现了许多矮行星及其他小天体，挑战冥王星的行星地位，使它于 2006 年被取消了太阳系行星的资格。此外，还有难以计数的彗星。实际上，天文学家认为，在冥王星之外远离太阳的边沿区域，有可能存在一个长周期彗星的巨大"仓库"：奥尔特云，这片模糊的未知地带可能延伸到距太阳约 2 光年之遥。一片模模糊糊的"云"，显然不适合作为边界！

因此，天体物理学家最后将太阳风的大概范围定义为太阳系的"边界"。

与太阳风相类似，宇宙中的其他恒星也都会吹出自己的"等离子风"。这些看不见的磁性"星风"，在宇宙空间中互相纠缠、搏斗、抗衡，其道理和图 12-3（a）所示的地球磁场抵抗太阳风的情形类似，不过太阳距离别的恒星比较远，太阳风变形少，看起来就像是在宇宙空间中吹出了一个"大泡泡"，可以近似看成是一个球形，或椭球形，见图 14-1（a）。

别的恒星也会吹出自己的大泡泡，所以从与等离子体风相关的电磁场的角度来描述宇宙，便是一幅充满椭球"泡泡"的图景，见图 14-1（b）。

恒星之间的距离比较远，各自的泡泡代表每一颗恒星的"星风"势力范围，从严格意义上讲，"星风泡"是天文学的专用名词，用来特指蓝光型大质量恒星的直径超过 1 光年、充满了热气体的恒星风内部空间。较微弱的恒星风吹出的泡状结构，通常被称为天体球。太阳风吹出的又叫作"太阳圈"，算是一个小星风泡。泡中"等离子体"风拂面，像一个"热腾腾"的大帐篷，太阳系内主要

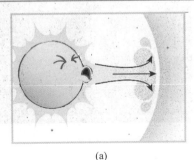 

(a)　　　　　　　　　　(b)

图 14-1　宇宙中充满了恒星吹出的等离子体风"泡泡"

的行星都沉浸其中。

因此，太阳系和很多其他恒星系统类似，吹出一个等离子体支撑着的泡泡，在银河系中靠近边缘处，飘浮着"随风"航行，大约 2.5 亿年绕银河一圈。

看起来空无一物的太空实际上充满了微小的尘埃和粒子，称之为星际媒质。我们的太阳"泡泡"穿过这些介质时，也会遇到阻力，就像船划过水面、飞机或子弹穿过大气时一样，会在前方造成弓形激波。那个区域中太阳风骤减，是太阳风和宇宙风相平衡的界面。超过这个界面之后，宇宙风和宇宙磁场成为主导。

图 14-2 为太阳系边界周围情况的示意图。在图 14-2（a）中，宇宙中其他恒星风的作用，笼统地用星际媒质形成的"宇宙风"来代表，宇宙风的方向与太阳运动的方向相反。从图 14-2（b）可见，这个太阳风泡泡定义的太阳系边界，远在冥王星之外，但也远在奥尔特云之内，大约等于 100 AU。也就是说，太阳风泡泡的半径大约等于地球到太阳距离的 100 倍（冥王星与太阳平均距离 35 AU）。图 14-2（b）用对数横坐标显示了冥王星、"旅行者 1 号"、奥尔特云等的相对位置。

图 14-2（a）中，太阳风不能继续推动星际媒质的地方称之为日球层顶

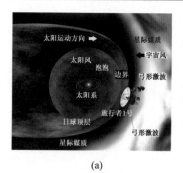
(a)

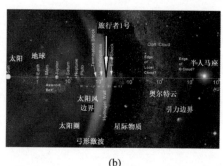
(b)

图 14-2 太阳系的边界
（a）太阳风吹出的大泡泡作为边界；（b）太阳风边界与引力边界之比较

（heliopause），这是太阳风和"星际宇宙风"相抗衡而产生的"驻点"，通常被认为是太阳系的边界。虽然日球层顶也无精确固定的数值，但比较起用辐射亮度或者引力来界定边界，还是要明确和清楚多了。

图 14-2（a）和图 14-2（b）中，都标示出了在太阳圈运动前方的"弓形激波"。激波所在位置已经超出了太阳圈的范围，因为激波并不是直接由太阳风产生的，而是由星际媒质产生的，是因为太阳圈在星际空间运动而激发了星际媒质的"扰动"，正如子弹在空气中高速运动时空气产生激波的道理一样，如图 14-3 所示。

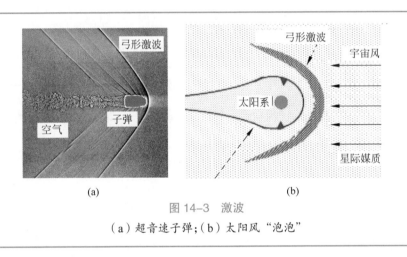

图 14-3　激波

（a）超音速子弹；（b）太阳风"泡泡"

对"旅行者 1 号"而言，当它接近和通过太阳驻点时，可以通过探测到如下 3 种情况来判断是否到达了太阳系边界：太阳风风力急跌，宇宙射线水平飙升，周围磁场大小和方向的改变。

"旅行者 1 号"的飞行速度比现有任何一个飞行器都要快些，这使得较她早两星期发射的姊妹船"旅行者 2 号"永远都不会超越她。截至 2013 年 8 月，"旅行者 1 号"处于距离太阳约为 125 AU 处，她发出的信号需要 17 h 才能抵达地球上设于美国加利福尼亚州的控制中心。

两位旅行者姐妹于 1977 年相差 15 天发射升空，NASA 的目的是要让她们赶上一个特别的、176 年一遇的 4 行星"几何排阵"机会，这 4 颗行星指的是太阳系的 4 颗外行星，即木星、土星、天王星和海王星。那一段时间 4 颗行星将位于太阳的同一边，方便同时拜访。于是，专家们让"姐姐""旅行者 1 号"利用这个机会，首先探测了木星、土星及其卫星和环。同时在这两颗行星附近，"旅行者 1 号"得到了很强的引力助推，使她的速度超过了第三宇宙速度，具有了飞出太阳系的能力。这时候，科学家们灵机一动，将她的后续任务作了一些改变，何不让她飞出太阳系呢？在途中，她可以去探测太阳风顶，以及对太阳风进行粒子测量，走一条迄今为止所有的航天器没有走过的道路。

双胞胎中的"妹妹"也在每个行星处得到引力助推，不过航天专家们让她被"助推"得恰到好处，让她的轨道始终留在黄道面上，刚好将 4 个行星逐一拜访。"妹妹"于 1989 年抵达海王星轨道，完成了她的最后一项预计任务。

"两姐妹"的规定任务到目前早就完成了，不过她们都还在发挥余热，仍然不停地向地球发回信息。

根据 2016 年 6 月 NASA 的资料，"旅行者 1 号"目前距地球约 202 亿 km。"妹妹"虽然永远追不上"姐姐"，但也紧跟其后，据说也已经接近太阳系的边界了。在图 14-2（b）中，"旅行者 1 号"看起来是在向着半人马座的方向冲去！但实际上还离得远着呢！半人马座 α 是离太阳最近的恒星，距离为 4.37 光年。

比"旅行者姐妹"的发射早几年，NASA 在 1972 年和 1973 年，还相继发射了一对"双胞胎兄弟"："先驱者 10 号"和"11 号"，他们的原定任务包括探测太阳风的边界，但最终未完成使命便与地面失去了联系。这对"兄弟"的速度远没有"旅行者"快，虽然上天更早，但没有碰上 176 年一遇的良机，也就没有得到那么多的"引力助推"。"先驱者 10 号"曾经保持了多年的"离地最远飞行器"的纪录，但在 1998 年距离地球 70 AU 左右时被"旅行者 1 号"超过。

　　"旅行者姐妹"目前的轨道是双曲线，并且已经达到了第三宇宙速度。这意味着她们踏上的是一条有去无回的征程，一旦离开后便永远也不会返回太阳系了。"旅行者号"探测器以三块放射性同位素热电机作为动力来源。这些发电机目前已经大大超过设计寿命，在大约 2020 年之前，它们仍然可提供足够的电力令航天器继续与地球联系。然而，再过十几年后也终将耗尽能源，而与发射她们的"主人"失去联系。那时候，一对双胞胎姐妹，加上一对双胞胎兄弟，都将成为无家可归，无人问津的星际航天器，各自孤零零地向不同方向奔跑，却不知道去向何方。不过，她们都携带着人类文明的信息，但愿有朝一日能被另一种文明社会发现，方不辜负人类的苦心。

　　走得最远的这几个航天器，也不过才刚刚越过或正在越过太阳系的边界而已。除了太阳系外还有银河系，还有上千亿个的河外星系，人类又是如何去探索、了解它们的呢？这又回到了最古老的观天手段：伽利略使用的天文望远镜。不过，现代的人类早已不像当年的伽利略那样，只能用双眼从地面上观察。现在，我们把望远镜，甚至可以说是把"天文台"，搬到了太空中，那就是太空望远镜。欲知详情，且听下回分解。

望远镜九霄揽银河 "哈勃"深空探宇宙

望远镜对天文学的贡献毋庸置疑，没有望远镜，人类的目光实在是太有限了。人类观天的能力随着望远镜技术的发展而进步。伽利略用望远镜研究太阳系的行星和它们的卫星；赫歇尔家族用望远镜探测银河系并记录下几万颗星星，建立了天文学发展的基础；哈勃用望远镜观测到 4 万多个"河外星系"，大大扩展了人类观测宇宙的视野！

天文望远镜自发明伊始一直沿用至今，不过，现代的天文望远镜已经今非昔比。除了望远镜本身的光学技术不断改进、精度不断提高之外，更重要的是，科学家们可以充分地利用现代航天技术，将望远镜安置在太空中，称之为"空间望远镜"。

为什么要将望远镜的位置上升到太空的高度呢？是为了摆脱大气层对观测的干扰。地球被厚厚的大气包围着，这对人类的健康至关重要，使人类免受有害辐射的危害。但与此同时，地球大气层也阻碍我们观测天象。大气层对来自天外的辐射是选择性地吸收，只有可见光和某些频段容易通过。此外，即使在可见光范围内，大气层的散射也会导致我们没办法看到太远的星系，因为它们比大气层自身的散射光都要暗。这也是为什么一般都将天文台建立在高山上的原因。

现代天文观测将望远镜的工作频率范围从可见光扩展到了伽马射线、X 射线、紫外线、红外线、射电波段等。

比如，NASA 的大型轨道天文台计划包括的 4 个大型空间望远镜：哈勃望远镜、康普顿 γ 射线天文台、钱德拉 X 射线天文台、斯皮策空间望远镜，它们分别工作在可见光、红外线、紫外线、伽马射线及硬 X 射线、软 X 射线这些不同的波段，取得了一定的成果。

钱德拉 X 射线天文台发现了中等质量黑洞存在的证据，观测到了银河系中心超大质量黑洞——人马座 A* 的 X 射线辐射。哈勃望远镜提供的高清晰度光谱也证实了银河系中心超大质量黑洞的存在，并且这样的黑洞遍及宇宙各星系。有关黑洞，我们在后面还将介绍。

1. 哈勃望远镜

"哈勃望远镜"以美国著名天文学家爱德温·哈勃（Edwin Hubble，1889—1953）的名字命名。哈勃被后人誉为"星系天文学"之父，他确定了数万个河外星系，为天文学开辟了一个新的发展方向：测量宇宙学。

"哈勃望远镜"和哈勃一样，为天文学立下了大功。"哈勃"总长度 16 m 左右，近似于两辆大型的双层巴士。但是，它实际上只是一个小个头的望远镜，主镜直径仅为 2.4 m。大家都知道，天文望远镜的口径大小是一个重要参数，如今许多放在高山之巅的望远镜直径都是 8 m 乃至 10 m，"哈勃望远镜"与这些大块头比起来太不起眼了。不过它的优势是位于太空，它就是一颗人造地球卫星，以 7500 m/s 的速度，绕高度为 559 km 的低地球椭圆轨道运行，97 min 就能绕地球一圈。位于太空的优势是无大气散射造成的背景光，还能观测会被臭氧层吸收掉的紫外线。因此，自 1990 年发射之后，"哈勃望远镜"已经成为天文史上最重要的仪器。

"哈勃"的主要任务之一，是更加准确地测量各星系之间的距离及速度，从而能够更为准确地确定哈勃参数的数值范围。哈勃参数的概念是爱德温·哈勃提出的，用以表示来自遥远星系的光谱红移跟它们与观测者距离的比值。

光谱为什么会红移呢？多普勒效应可以对其给出最简单直观的解释。根据我们日常生活中的经验，当火车驶近我们时，汽笛声变得更为尖锐（频率增大），而当火车远离我们而去时，声音则变得更为低沉（频率减小）。对光波而言，红光是可见光中频率最低的，"红移"为正值意味着频率变低，即星系远离我们而去。红移的测量是天文学家们常用的手段，既能用以测量星系的距离，也能用来测量星系的速度。但距离还有各种其他的测量方法，诸如利用观测造父变星、超新星爆发等。因此，红移值便表明了星系离开我们的速度。

当年，爱德温·哈勃对大量星系测量的结果，总结出一条哈勃定律：$v = H_0 D$。其中 v 是星系速度，D 是星系距离，H_0 就是哈勃参数。哈勃定律的意思就是说，星系飞离我们的速度与其距离成正比，离得越远的星系飞离得越快。这个结论给出宇宙正在膨胀的图像，之后成为支持宇宙起源大爆炸理论 [9] 的一个重要证据。由此可见，哈勃参数的测量对研究宇宙的起源、演化、年龄等问题十分重要。

"哈勃望远镜"升空后，将哈勃参数的测量误差从 50% 提高到 10% 以内，并与其他技术测量出来的结果基本一致。之后，1998 年，3 位物理学家索尔·珀尔马特、布莱恩·施密特和亚当·里斯，通过观测（不仅仅限于"哈勃"）遥远的超新星从而发现了宇宙不仅在膨胀，而且正在加速膨胀。3 位学者因此而荣获 2011 年诺贝尔物理学奖。

除了更精确地测定哈勃参数之外，哈勃空间望远镜升空 20 多年来，传回了大量珍贵的天文影像，例如"哈勃深空"和"哈勃超深空"等。

当我们将望远镜的镜头指向空中的某一个方向时，例如图 15-1 所示的哈勃深空和哈勃超深空拍摄方法，我们会看到很多颗星星。这些星星距离我们有远有近，因为光的传播需要时间，所以我们看到的星星并不是它们当前的模样！就像我们白天抬头看到的太阳，是 8 min 之前的太阳，晚上看见的月亮是 1.28 s 之前的月亮。延迟的时间是 8 min 或 1.28 s，都是小事一桩，我们习惯于将它们当成"现在的"太阳、月亮，实际上这段时间也很短，太阳、月亮基本上也没发生什么大的变化。但是，如果我们将这个概念用于遥远的星球，就会得到一些有趣的结论。也就是说，我们看见的是这个星星的"过去"，或者是这个位置上"过去"的星星！8 min 前的"过去"不必大惊小怪，但 10 年、1000 年、1亿年前的"过去"，那就非同小可了！

人类从地面上用肉眼观察天象，看到的也是星星的过去。不过，一来我们的眼睛测量不了星星的距离，不知道是多久前的"过去"；二来，人眼观测能力有限，太黯淡的星星就看不见了。而"哈勃望远镜"可以在无光害，无大气干扰的外太空中观测宇宙天体，能更精确地捕捉人类肉眼无法辨识的微弱星光，使得人类探索宇宙的"视野"得到了无限地扩大。换言之，如"哈勃"这样的空间望远镜，能够穿越时间的隧道，去探索宇宙遥远的过去。

哈勃深空（Hubble Deep Field，HDF）是一张由"哈勃"于 1995 年所拍摄的夜空影像。拍摄位置在大熊座中一个很小的区域（仅 144 角秒）。图 15-1（a）显示了拍摄镜头所指的位置，我们没有展示 NASA 发布的照片，因为肉眼是很难从这样的影像中看出名堂的，不过看到一些密密麻麻各种亮度的星星而已。整张影像是由"哈勃望远镜"进行 342 次曝光叠加而成，拍摄时间连续了 10 天。HDF 所包含的区域几乎没有银河系内的恒星，可见的 3000 多个天体全部都是极遥远的星系。

继拍摄了哈勃深空之后，1998 年，"哈勃"又以类似方式拍摄了南天深空。

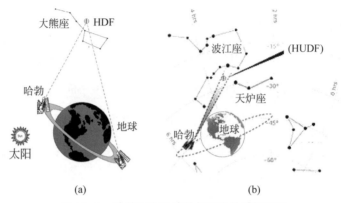

图 15-1　哈勃深空和哈勃超深空的拍摄位置

（a）哈勃深空；（b）哈勃超深空

2003 年拍摄的哈勃超深空（Hubble Ultra Deep Field，HUDF），拍摄位置见图 15-1（b），进行了 113 天的曝光，影像中估计有 10 000 个星系，显示的是超过 130 亿年前的"过去"。2012 年，NASA 又公布了一张哈勃极深空（extreme deep field，XDF）。这些是天文学家目前用可见光能获得的最深入的太空影像。

这些深入"过去"的照片，到底深入到了什么年代呢？根据大爆炸理论，宇宙现在的年龄是 137 亿岁，对应于图 15-2 中最右边"哈勃望远镜"目前所在的位置。图 15-2 最左边表示宇宙的起点、大爆炸及早期宇宙演化，之后产生了第一代恒星、第一代星系、现代星系，再后来，星系群、星系团、超星系团等大尺度结构形成……图中可见，哈勃超深空深入到了大爆炸后 6 亿年左右，哈勃深空在大爆炸后 10 亿年左右。

2. 詹姆斯·韦伯空间望远镜

2016 年，"哈勃望远镜"就已经 26 岁了，稍微老旧了一点，特别是其上的电子仪器显然已经落伍。不过 NASA 已经为它安排了接班人：韦伯空间望远镜（James Webb space telescope, JWST），实际上是由 NASA、欧洲空间局与加拿大

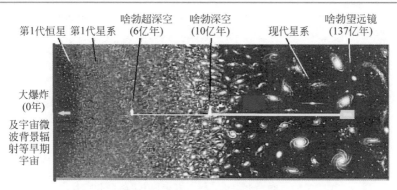

图 15-2 哈勃深空深入"过去"

宇航局联手打造的。这个望远镜与"哈勃"大不相同，首先，"哈勃"的工作频率以可见光为主，延伸到近红外和近紫外，而 JWST 则集中于红外线波段。它用更大的镜片聚光，见图 15-3（a），以拍摄到太空远处的照片，希望能比哈勃极深空再深入下去。

哈勃深空到极深空的几张宇宙"过去"的影像，使天文学家和宇宙学家们非常兴奋，也大大加强了他们研究宇宙起源、恒星演化、星系形成等的信心。因此，"韦伯望远镜"的主要科学目标之一便是宇宙早期形成的第一批恒星和星系。为此目标，JWST 在红外波段工作，因为在第一代恒星和星系初生的年代传播到现代，可见光或紫外线已被红移到了红外区域。红外线的波长更长，需要更大的镜面来达到更高的分辨率。"韦伯望远镜"主镜直径 6.5 m，几乎是"哈勃"直径的 3 倍。主镜由铍制成，镜片上涂上一层厚度仅为头发直径千分之一的金，主镜包括 18 块六角形镜片，在发射时折叠起来，升空安置好之后再打开。

"韦伯望远镜"比较特别的是它的轨道。它不是像"哈勃"那样绕着地球转圈，而是位于太阳 - 地球系统的拉格朗日点 L_2 上，有关拉格朗日点，请参考本书前面章节（第 9 节 三体运动生混沌 引力助推荡秋千）。

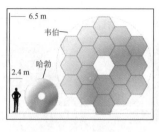
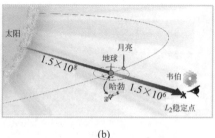

图 15-3　詹姆斯·韦伯空间望远镜

（a）"哈勃"和"韦伯望远镜"大小；（b）L_2 拉格朗日点

简单而言，那个位置是第二拉格朗日点，见图 15-3（b）。在两个大质量质点和一个微小质量质点的简化三体问题中，有 5 个点可以让小质量天体稳定运行，这 5 个点被称作拉格朗日点。L_2 点就是其一。

"哈勃"离地高度不过 600 km，JWST 的位置却距地球约 1.5×10^6 km，比它的前任离地球远得多。2018 年，"韦伯"升空后的景象是这样的（图 15-3（b））："哈勃"应该仍然在绕着地球转小圈，仍然不停地发回大量照片；而在地球背对太阳的一方，"韦伯"背朝着地球，孤零零地飘荡在 L_2 点上。在那里，它比"哈勃"更远离地球与太阳的干扰，能够更方便地窥探深空，朝宇宙的起点望去！

"哈勃望远镜"已经将人类的目光延伸到了离地球 130 多亿光年之遥的地方，而人类最远的航天器只飞到了光线在 17 小时内走过的距离，这样悬殊的距离差别只好让人类望之兴叹。因此，我们还是将眼光从宇宙中暂且收回到近处吧。

空间望远镜并不是都要望到宇宙深处，它们观测的目标有远有近，工作波长从射电到伽马射线都有，观测的天体各种各样，诸如太阳黑子活动、脉冲星、双星、红巨星、超新星爆发、活动星系核等。我们下面将要介绍的，天文上观测到的第一个黑洞，也是空间望远镜的功劳。不过首先有必要补充一些有关引力与黑洞的基本知识。诸位且听下回分解。

天体间的引力之战　希尔球和洛希极限

宇宙中星体间最基本的长程作用力是万有引力和电磁力。在第 12 节中简单介绍过太阳风和地磁场间的电磁抗衡，现在我们来讨论一下引力。引力不像电磁力那样有吸引也有排斥，而是只有吸引，但整个宇宙中所有的物质却没有因为互相吸引而"坍缩"成一大团。一是因为宇宙中除了引力还有电磁力，二是因为各个天体形成之后，它们相互之间除了吸引还有运动，运动产生离心力，使它们相互位置变化，相互作用也发生变化。就像月亮因为其轨道运动产生的离心力平衡了引力而使它不会掉到地球上来的道理一样。换言之，电磁力及引力相互作用导致天体之间不停地进行着"战争"。每一个星星都利用引力吸引其他天体，似乎是企图吸引更小的天体来壮大自己。生物界的"大鱼吃小鱼、小鱼吃虾米"，在宇宙中则变成了"大星吞小星，小星吞石头；大星撞小星，小星变石头"。大大小小的天体在引力争夺战中互相接近、碰撞、破碎、分离，达到一个我们见到的所谓"平衡和谐"的宇宙状态，天体力学中"希尔球"[10] 的概念，描述了这种短暂平衡下天体之间各自霸占的"势力范围"。

希尔球，以美国天文学家威廉·希尔（William Hill，1838—1914）命名，粗略来说，是环绕在某天体周围、能够被它所控制的（近似球形）空间区域。如图 16-1（a）所示的太阳系中日地关系为例，太阳因其在太阳系中具有最大质

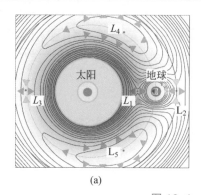

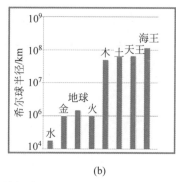

图 16-1　希尔球

（a）希尔球的大概范围；（b）八大行星的希尔球半径

量，有一个大大的希尔球，所有绕日旋转的行星轨道都应该在太阳的希尔球以内。每一个行星都有它自己的引力场范围，是它的引力与太阳的引力抗衡所争夺而得的"地盘"。比如说，地球能够保持月亮作为它的卫星，而不是太阳的卫星，月亮一定是在地球的希尔球以内。图16-1（a）中的实线代表引力等势面，因此围绕每个星体的完整圆圈（实际上是三维空间中的球面），便基本代表了该天体的引力场所及的范围。

不难直观理解，每个行星希尔球的大小与行星及恒星（太阳）的相对质量有关，行星质量越大，它抢到的地盘（希尔球）当然越大。此外，离太阳的距离也是一个重要的因素。距离太阳越远的行星，太阳对它难以控制，它便趁机扩大势力范围，网罗了众多的卫星，组织大家族搞独立王国。图16-1（b）表示的是八大行星的希尔球半径，由图可见，4个外围大行星的希尔球半径比里面4个的大了2~3个数量级。根据下面列举的事实：木星和土星的（天然）卫星数目都在60个以上，地球却只有一个孤零零的月亮；内圈行星没有环，外圈的4大行星都带环。应用刚才介绍的希尔球概念，相信你已经不难给这些现象一个简单的物理解释了。

希尔球有时也被称为洛希球，因为在这方面的最早工作来自于法国天文学家艾伯特·洛希（Albert Roche，1820—1883）。洛希还有一个贡献：洛希瓣。在图 16-1（a）显示的太阳 - 地球引力等势曲线中，有一个横着的 8 字形状便是洛希瓣，我们在第 19 节中还将介绍。

洛希的另一个著名工作是洛希极限，这个极限值与行星环的形成过程直接有关。

首先重温一遍"潮汐力"的概念，它起源于地球潮汐的物理原因。但一般来说，指的是天体对其附近物体的不同部分产生的引力大小不同而对该物体造成的某种影响。比如说，月亮对地球的潮汐效应表现为海洋的涨潮、落潮；地球对月亮的潮汐力则将月亮的自转、公转周期锁定，使得它总以同一面对着地球。黑洞附近有强大的潮汐力，会将掉入其中的物体或人体撕得粉碎。

即使不是黑洞，巨大天体附近的物体如果靠天体太近，也会因为潮汐力而分崩离析成更小的部分。但什么距离算是"太近"呢？这个距离界限就叫作"洛希极限"。

洛希描述了一种计算物体（卫星）被潮汐力扯碎的极限距离的方法，如果卫星与行星的距离小于洛希极限，便不能靠自身的引力保持原有的形状，会因潮汐力而瓦解。洛希的理论可以用来粗略地解释土星环是如何形成的，见图 16-2。图 16-2（a）中，一个小物体被行星吸引而向行星方向运动，在图 16-2（b）所示的时刻到达洛希极限。图 16-2（c）显示，小物体在行星强大潮汐力的作用下被撕碎成许多小块。然后，这些小块因为互相碰撞而具有不同的速度，最后大多数仍然被行星俘获而围绕行星转动形成行星环，如图 16-2（d）所示。

洛希极限值除了与行星及卫星的质量有关外，还与构成卫星的物质材料有关。比如说，它与物体成分是固态物质为主还是液态物质为主，以及具体的密

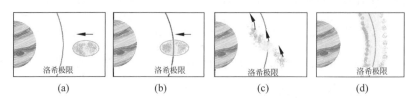

图 16-2 用洛希极限解释行星环的形成过程

（a）物体在极限外；（b）达到极限；（c）物体碎裂；（d）形成星环

度分布如何等因素有关。这些因素也决定了环内"碎片"物体的大小。对一般常见的固态卫星而言，洛希极限是行星半径的 2.5~3 倍。因此，大多数的行星环都在洛希极限以内或靠近，但并非绝对的，还与行星环形成的历史过程有关。比如，从图 16-3 中标志的土星环系统中，从离土星最近的 D 环，到最远的 E 环，洛希极限的位置在 F 环和 G 环之间，因此，土星的 G 环和 E 环都在洛希极限圈之外，其成因复杂，与土星环形成以及邻近卫星的位置也有关。有关土星环的趣事后面章节还将介绍。

天体靠引力和潮汐力互相作用，主宰着天体的运动，包括平动、公转、自转等。那么，哪种天体周围的引力和潮汐力最强呢？在第 11 节介绍恒星演化过程时提到了恒星最后的归宿：白矮星、中子星、黑洞，这些致密天体体积小、质量大，因此它们周围的引力场有其独特之处，特别是黑洞。从爱因斯坦相对论

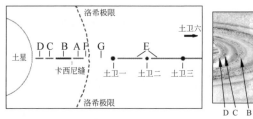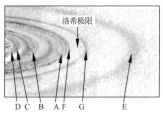

图 16-3 土星环和卫星系统

的角度来看黑洞，特别是还涉及有关时间、空间的本质问题，导致了许多似乎违背日常经验而难以理解的现象。

　　这些致密天体，从白矮星到黑洞，到底有些什么特别之处呢？欲知详情，且听下回分解。

钻石星球价连城　无毛黑洞却有熵

　　人类希望知道与我们生活息息相关的太阳的生命演化过程。但是，恒星的进化过程缓慢，生命周期长达数十亿年甚至上百亿年，比我们个人的寿命不知道大了多少倍。我们看到的太阳天天如此，年年如此，好像世世代代都如此。如果仅仅从太阳这一个恒星的观测数据，很难验证太阳长时间内将如何变化和发展。我们中的任何人，都无法观察到太阳的诞生过程，也无法看到它变成红巨星以及白矮星时候的模样，我们所能看到的，只不过是太阳生命过程中一段极其微小的窗口。

　　科学家总能够找到解决问题的办法，宇宙中除了太阳之外，还有许多各种各样的恒星，有的与太阳十分相似，有的则迥然不同。它们分别处于生命的不同时期，有的是刚刚诞生的"婴儿"恒星；有的和太阳类似，正在熊熊燃烧自己的生命之火，已经到了青年、中年或壮年；也有短暂但发出强光的红巨星和超新星；还有一些已经走到生命尽头的"耄耋之辈"，变成了一颗"暗星"，这其中包括白矮星和中子星，或许还有从未观察到的"夸克星"。此外还有黑洞，它们是质量较大的恒星的最后归宿，可比喻为恒星老死后的尸体或遗迹。观测、研究这些形形色色的处于不同生命阶段的恒星，便能给予我们丰富的实验资料，不但能归纳得到太阳的演化过程，还可用以研究其他星体的演化、星系的演化，以及宇宙的演化。

如今记录的天文观测资料中，已有不计其数的白矮星和中子星被发现。2014 年 4 月，在距离地球约 900 ly 的水瓶座方向，发现一颗已有 110 亿年寿命的"钻石星球"，它与地球差不多大小，是到那时为止发现的温度最低、亮度最暗的白矮星。白矮星或中子星的特点是密度超大，像那颗价值连城的钻石星球，每立方厘米的物质质量有几十吨。此前，科学家们还曾发现半人马座有一颗名为"BPM37093"的白矮星，直径达 4000 km，质量相当于 10^{34} 克拉。据说它的核心已经结晶，每立方厘米的质量竟达 10^8 t。

恒星有 3 种归宿：质量低一些的最后成为白矮星，中等质量恒星死亡后成为中子星，大质量恒星死亡后成为黑洞。也就是说，基本上有两个质量界限：钱德拉塞卡极限和奥本海默极限，如图 17-1 所示。

从图 17-1（a）可知，钱德拉塞卡极限大约是 1.44 个太阳质量，奥本海默极限是 2~3 个太阳质量，但这指的是星体在经历了红巨星之后开始"再坍缩"之前的质量。恒星在长长的主序星阶段之后，会爆发成红巨星，然后会甩掉部分质量，仅留下核心部分继续坍缩。因此，主序星时的两个质量极限值要比上述的两个值更大，分别为 8 个太阳质量和 15~20 个太阳质量，如图 17-1（b）所示

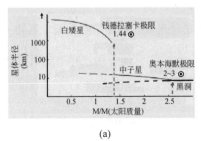

(a)

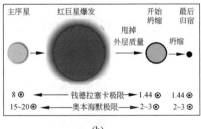

(b)

图 17-1 钱德拉塞卡极限和奥本海默极限

（a）决定恒星归宿的质量极限；（b）恒星演化过程中的质量变化

的图像说明。钱德拉塞卡极限值可以用电子简并态的理论估算出来，奥本海默极限数值目前还难以从理论模型来准确计算，因为中子简并态的性质尚不完全清楚。典型的中子星物质每立方厘米有超过 $10^8 \mathrm{t}$ 的巨大质量，跟地球上一座中小型的山差不多重。中子星中如果又能发射脉冲信号则被称为脉冲星。

黑洞的最初概念来自于拉普拉斯的"暗星"。拉普拉斯预言，当一定质量的星体坍缩到半径小于一定的极限值以后，这个天体对应的逃逸速度（即第二宇宙速度）便会超过光速，这意味着光线也不能从这个天体逃逸出去，别的任何物体的速度超过不了光速，当然就更不可能逃逸。那么，这类天体不能发射任何光线，它也就不能被我们的眼睛看见，而变成了一颗暗星。

用"逃逸速度"预言的暗星可看成是牛顿力学对黑洞雏形的简单描述，爱因斯坦建立了广义相对论之后，黑洞是引力场方程的解。首先是物理学家史瓦西找到了一个球对称解，叫作史瓦西解。这个解为我们目前现代物理学中所说的黑洞建立了数学模型。广义相对论的"黑洞"概念，已经与原来拉普拉斯的所谓暗星，完全不是一码事。黑洞有着极其丰富的物理意义和哲学内涵，黑洞周围的时间和空间有许多有趣的性质，涉及的内容已经远远不是光线和任何物体能否从星球逃逸的问题。

广义相对论和牛顿万有引力定律都是描述引力的理论。但不同于牛顿理论，广义相对论将引力与四维时空的几何性质联系起来。物理学家约翰·惠勒（John Archibald Wheeler）早年曾经与爱因斯坦一起工作，他曾用这样一句话概括广义相对论："物质告诉时空如何弯曲，时空告诉物质如何运动。"[11]

这句话的意思是说，时空和物质通过广义相对论中的引力场方程联系到了一起。这种联系可以用日常生活中的一个现象来比喻：一个重重的铅球放在橡皮筋绷成的弹性网格上，使橡皮筋网下陷。然后，另外一些小球掉到网上，它们将自然地滚向铅球所在的位置。如何解释小球的这种运动？牛顿引力理论说：小球被铅球的引力所吸引。而广义相对论说：因为铅球造成了它周围空间的弯曲，小球不过是按照时空的弯曲情形而自然运动而已。

天体（或铅球）的质量越大，空间弯曲将会越厉害。大到一定程度时，这张网被撑破，从而形成一个东西全都往下掉、再也捡不起来的"洞"，即为黑洞[12]。

爱因斯坦的引力场方程，或简称"场方程"，便是将时空几何性质与物质分布情况联系起来的数学表述。方程可以写成如下简单的形式：

$$R = 8\pi T$$

公式中的 R 代表时空弯曲（曲率），T 代表物质（包括能量）。换言之，T 决定了 R。初一看，引力场方程所表示的只不过是一句话：物质产生时空弯曲。但因为这里所谓的物质就位于时空之中，它们的运动规律被时空所左右，即时空弯曲的情况会影响到物质的运动，R 变化将改变 T，从而又改变了 R，以此类推，便建立了物质与时空的相互依赖关系。

在给定的时空几何中，物质沿着时空的"短程线"（也称之为测地线）运动。测地线是平坦空间中直线概念在弯曲时空中的推广。换言之，牛顿将引力解释成"力"，爱因斯坦则是将引力几何化。比如说，在地球表面斜着抛出的物体并不按照直线运动，而是按照抛物线运动。牛顿引力理论这样来解释：地球对物体的"引力"使得物体偏离了直线轨道；而广义相对论说：地球的质量造成了它周围空间的弯曲，抛射体不过是按照时空的弯曲情形运动而已。抛物线是弯曲时空中的"直线"，即测地线。

上面的引力场方程被写成了异常简单的形式，但实际上，时空曲率 R 及表示物质的 T 中都有丰富而复杂的内容。它们都被表示为四维时空中的张量形式，分别称为曲率张量（R）和能量动量张量（T）。简单而言，张量是标量和矢量在数学上的扩展，可用以表示不同的物理量。我们仅举简单例子帮助读者理解，如果想了解更多，可参阅笔者另一本科普读物[13]。比如说，温度是一个标量，也可称为0阶张量。速度具有方向，是矢量，在三维空间中要用3个数值来表示，或称为1阶张量。那么，什么是三维空间中的2阶张量呢？那应该具有矩阵的形式，包括了9个数值，比如工程中的应力张量。

既然引力场方程和牛顿引力定律都是描述万有引力的，它们之间有什么关系呢？牛顿定律可以看作当引力场比较弱的情况下场方程的近似。一般来说，引力作用是很微弱的，使用牛顿引力定律就足够了。但是，在计算天体间的引力问题时，广义相对论的场方程能得到更为精确的结果。特别是我们要介绍的黑洞，完全是广义相对论得出的结论，牛顿定律是不能解决问题的。

场方程不仅涉及复杂的张量运算，还是一个非线性微分方程，一般来说求解非常困难。而当年的史瓦西考虑了一种最简单的物质分布情形：静止的球对称分布。也就是说，如果假设真空中只有一个质量为 M 的球对称天体，那么引力场方程的解是什么？这种分布情况虽然异常简单，但却是大多数天体真实形状的最粗略近似。史瓦西很幸运，他由此特殊情形将方程简化而得到了一个精确解，这个解被称为史瓦西解。史瓦西解中最重要的物理量是史瓦西半径：

$$r_s = 2GM/c^2$$

表达式看起来也非常简单，其中的 G 是万有引力常数，c 为光速，M 为天体的总质量。因此，史瓦西半径 r_s 只简单地与星体质量 M 成正比。也就是说，对每一个质量为 M 的星体，都有一个史瓦西半径与其相对应。

从理论上而言，史瓦西解所对应的几何并不限于黑洞，还可以用以描述任何球状星体以外的时空。但对一般的天体来说，天体本身的尺寸就比史瓦西半径大得多,"史瓦西半径"深深地藏在星体的内部,星体的大部分质量分布在史瓦西半径以外,而在外部时空中没有任何特别的几何可言,这个概念便失去了意义。但是,如果将这个天体的全部质量 M 都"塞进"它的史瓦西半径以内的话,那就会发生许多奇特有趣的现象了。谁来将物质"塞进"星体内部呢?就是引力!大质量恒星因引力而坍缩的过程,也就是使得所有质量被塞到越来越小的范围内的过程,当这个范围比该质量所对应的史瓦西半径还要小的时候,这个天体便成了一个黑洞!

图 17-2(b)描述了史瓦西黑洞。事实上,对史瓦西解来说,有两个 r 的数值比较特别,一个是刚才所说的史瓦西半径($r = r_s$),另一个是天体中心原点($r = 0$)。这两个数值都导致史瓦西解中出现无穷大。不过,数学上已经证明,在史瓦西半径 r_s 处的无穷大是可以靠坐标变换来消除掉的假无穷大,不算是奇点,只有 $r = 0$ 处所对应的,才是引力场方程解的一个真正的"奇点"。

史瓦西半径处虽然不算奇点,但它的奇怪之处却毫不逊色于奇点。首先,当 r 从大于史瓦西半径变成小于史瓦西半径时,时间部分和空间部分的符号发生了改变。这是什么意思呢?数字上来说,好像是时间 t 变成了空间 r,空间 r 变成了时间 t,这对我们习惯使用经典时间、空间观念的脑袋而言,在物理上是

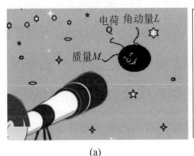
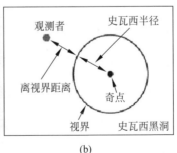

(a) (b)

图 17-2 广义相对论预言的经典黑洞

(a)黑洞无毛(三毛);(b)史瓦西黑洞

无法理解的。也许我们可以暂时不用去做过多的"理解"，只记住一句话："史瓦西半径以内，时间和空间失去了原有的意义。"我们暂时也许没有必要对史瓦西半径以内的情况作更多的想象，因为我们活着去不了那里，根本不知道在那里发生了什么。并且现在看起来，我们永远也不可能真正切身用实验来检验那里时空的奇异性。那是一个界限，是等同于许多年之前拉普拉斯称之为光也无法逃脱的"暗星"的界限。当初的牛顿力学只能预测说，如果质量集中在如此小的一个界限以内，光线也无法逃逸，外界便无法看到这颗"暗星"。而根据广义相对论，除了无法逃逸之外，还带给我们许多有关时间、空间的困惑。不过，无论人类是否到得了黑洞的视界之内，科学家们的思想却免不了总在那儿徘徊。因为这些困惑的解决，有可能带给我们对时间和空间更深刻的认识，从而促成物理学的新革命，促成引力理论和量子理论的统一。

也可以这么说，史瓦西半径将时空分成了两部分：离球心距离 r 大于史瓦西半径的部分和小于史瓦西半径的部分。在远离任何天体（包括黑洞）史瓦西半径的地方，引力场很小，时空近于平坦。而在史瓦西半径附近和内部，时空远离平坦，弯曲程度急剧增大，任何越过了史瓦西半径的物体，都再也不能返回到外界空间，只有被吞噬的命运，最后到达 $r=0$ 所标志的真正时空奇点而消失不见。

史瓦西黑洞有奇怪而又貌似非常简单的性质，简单到就是一个半径和被该半径包围着的一个奇点（图17-2（b））。因为在这个半径以内，外界无法得知其中的任何细节，我们将其称之为"视界"。视界就是"地平线"的意思，当夜幕降临，太阳落到了地平线之下，太阳依然存在，只是我们看不见它而已。类似地，当星体坍缩到史瓦西半径以内成为黑洞时，所有的物质都掉入了视界之内，物质也应该依然存在，但我们看不见。

从引力场方程得到的解是四维时间空间的"度规"，因此，史瓦西解也被称为史瓦西度规。引力场方程的精确解不仅仅只有史瓦西解一个。因此，基本黑洞的种类也不仅仅只有史瓦西黑洞。

如果所考虑的星体有一个旋转轴，星体具有旋转角动量，这时候得到的引力场方程的解叫作克尔度规。克尔度规比史瓦西度规稍微复杂一点，有内视界和外视界两个视界，奇点也从一个孤立点变成了一个环。

比克尔度规再复杂一点的引力场方程解，称为克尔 - 纽曼度规，是当星体除了旋转之外还具有电荷时而得到的时空度规。对应于这几种不同的度规，也就有了 4 种不同的黑洞：无电荷不旋转的史瓦西黑洞；带电荷不旋转的纽曼黑洞；旋转但无电荷的克尔黑洞；既旋转又带电的克尔 - 纽曼黑洞。

加上具有电荷和旋转性质的黑洞仍然可以被简单地描述，物理学家惠勒为此提出了一个"黑洞无毛定理"，也就是说，无论什么样的天体，一旦坍缩成为黑洞，它就只剩下电荷、质量和角动量 3 个最基本的性质。质量 M 产生黑洞的视界；角动量 L 是旋转黑洞的特征，在其周围空间产生涡旋；电荷 Q 在黑洞周围发射出电力线，这 3 个物理守恒量唯一地确定了黑洞的性质。因此，也有人将此定理戏称为"黑洞三毛定理"，见图 17-2（a）。

物理规律用数学模型来描述时，往往使用尽量少的参数来简化它。但这里的"黑洞三毛"有所不同。"三毛"并不是对黑洞性质的近似和简化，而是经典黑洞只有这唯一的 3 个性质。原来星体的各种形态(立方体、锥体、柱体)、大小、磁场分布、物质构成的种类等，都在引力坍缩的过程中丢失了。对黑洞视界之外的观察者而言，只能看到这 3 个（M、L、Q）物理性质。

黑洞真的"无毛"吗，或者说只有区区"三根毛"？这是从黑洞的经典物理理论(广义相对论)得到的结论，如果考虑量子和热力学，就不是那么简单了！不过我们暂且打住，且听下回分解。

第 18 节
信息悖论难解决　霍金软毛论辐射

1. 黑洞热力学

20 世纪 70 年代初，美国普林斯顿大学，惠勒教授和他的一个博士研究生正在悠然自得地喝下午茶。惠勒突发奇想，问学生："如果你倒一杯热茶到黑洞中，会如何？"惠勒的意思是说，热茶既有热量又有熵，但据说一切物质被黑洞吞下后就消失不见了。那么，第一个问题是：热茶包含的能量到哪里去了呢？第二个问题则与热力学有关，将热茶与黑洞一起构成一个系统，茶水倒进黑洞之后，整体的"熵值"似乎不是增加而是减少了，这不是有悖热力学第二定律吗？

当时爱因斯坦已经去世 17 年，国际上的许多理论物理学家并不看好对引力理论的深入研究，而是已经将热点转向基本粒子还原论的角逐竞赛中。世界上仍然在研究广义相对论的"遗老遗少"有 3 个小组：莫斯科的泽尔多维奇和英国的夏玛（夏玛是如今鼎鼎有名的霍金的老师），以及上文中谈及的美国普林斯顿大学的惠勒。普林斯顿大学毕竟是爱因斯坦工作、生活过二十几年的地方，广义相对论在那里影响颇大。爱因斯坦去世后，惠勒教授成为引力理论研究的带头人，那个和惠勒在一起喝茶的年轻学生，就是后来提出黑洞熵、成为黑洞热力学奠基人之一的以色列裔美国物理学家雅各布·贝肯斯坦（Jacob Bekenstein，1947—2015）。

指导教授提出的问题，令年轻学子日夜苦思，也激发了他无比的想象力。第一个有关能量守恒的问题比较容易回答。根据爱因斯坦狭义相对论导出的质能关系式：$E=mc^2$，能量和质量是物质同一个属性的两个方面，或者也可以简单地说成是质能可以互相转换。当热茶倒进黑洞之后，它包括的质量（m）及热量都加到了黑洞原来的质量（M）上，使得黑洞质量 M 增加了那么一点点，成为（$M+m$），因此，系统的总能量（质量）是守恒的。

第二个问题有关"熵"的概念。熵是什么呢？熵在物理学中有其严格的定义，但通俗地说，是表示系统中混乱（无序）的程度。一个孤立系统的熵只增加不减少，系统总是自发走向更为混乱的状态，比如说：一滴蓝墨水滴到一杯水中，很快便会自发地均匀扩散混合到各处，因为均匀混合后的淡蓝色的"浑"水，比蓝墨水孤立集中成"一滴"的状态具有更大的熵，这个过程绝不会自动地逆反过来，杯子中已经分散各处的蓝墨水分子，绝不会自动集合到一起，重新成为"一滴"蓝墨水。这就是热力学第二定律，也叫作"熵增加原理"。俗话常说"覆水难收"就是这个道理。也可以说，熵是系统内部复杂性的量度，或者说，是系统内部隐藏的信息的量度。物体内部越复杂，包括的信息越多，熵就越大。

现在，我们回到热茶和黑洞的情形。一杯热茶中有大量的分子，做复杂而快速的热运动，上下、前后、左右，速度有快有慢；时而分离，时而靠近，互相碰撞。热茶的熵，便是这些微观分子运动复杂性的量度。然而，热茶倒入黑洞后，这些分子运动的复杂信息都到哪儿去了呢？黑洞被描述得如此简单，经典黑洞无毛，看起来似乎无熵可言！因为任何天体一旦坍缩成为黑洞，原来的信息都丢失了，无论原来是圆的、扁的、方的，是锥形还是环形，内部有多少中子、电子、光子，或夸克。这些复杂的情况，黑洞似乎都没有"记忆"，它只记得 3 个数值：质量、角速度、电荷。被黑洞吸入的物体包含的信息，似乎也丢失了。

但这点结论似乎与"熵增加原理"相违背。

贝肯斯坦认为，为了保存热力学第二定律（即熵增加），黑洞一定要有"熵"！

黑洞的熵藏在哪里呢？贝肯斯坦注意到 1972 年史蒂芬·霍金的一篇文章。霍金证明了黑洞视界的表面积永远不会减少。比如说，如果两个黑洞碰撞结合成一个新的黑洞，那么，新黑洞的视界表面积，一定大于或等于两个黑洞视界表面积之和。这个定律太像热力学的熵增加原理了！贝肯斯坦由此产生了一个大胆的假设：黑洞的熵正比于视界表面积[14]。

因为熵是复杂性的度量，那么贝肯斯坦的假设也就意味着，视界表面积的大小可以量度黑洞的复杂程度，也许黑洞的复杂信息就留在视界面上？换言之，黑洞可能并不是一个"健忘者"，它将吞进去的物体的复杂信息全部都写在了视界的表面上，见图 18-1（b）。

这在当时被认为是一个极其疯狂的想法，遭到所有黑洞专家的反对，唯一支持贝肯斯坦疯狂想法的黑洞专家是他的指导教师惠勒。惠勒似乎总是支持任何疯狂的想法。比如当年惠勒的另一个学生：休·艾弗雷特（Hugh Everett Ⅲ，1930—1982），也是在惠勒的支持下，因提出量子力学的多世界诠释而著名。惠勒自己就有过许多疯狂的念头，他最著名的学生费曼曾经这样说："有人说惠勒

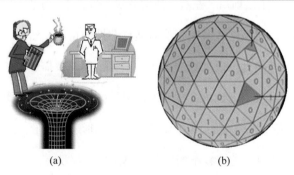

(a)   (b)

图 18-1　黑洞的信息分布在视界的表面上

晚年陷入了疯狂，其实惠勒一直都疯狂。"

2. 霍金辐射

于是，贝肯斯坦在老师的支持下建立了黑洞熵的概念。然而随之又带来一个新问题：热力学中的熵，是一个系统平衡状态的态函数。平衡态是由温度来表征的，如果黑洞具有熵，那它也应该具有与熵值相对应的温度。再接下来，如果黑洞有温度，根据物理学中黑体辐射的规律，即使这个温度再低，也可能会产生热辐射。其实这是一个很自然的逻辑推论，但好像与事实不符。不是说任何物质都无法逃逸黑洞吗？怎么又可能会有辐射呢？但当时的贝肯斯坦毕竟思想还"疯狂"得不够，他并没有认真去探索黑洞有无辐射的问题，而只是死死咬住"黑洞熵"的概念不放。

还是霍金的脑瓜子转得快，他提出了黑洞辐射。但其实，最早认识到黑洞会产生辐射的人并不是霍金，而是莫斯科的泽尔多维奇。霍金最初并不同意贝肯斯坦的观点，正是从与贝肯斯坦的战斗中，以及泽尔多维奇等人的工作中汲取了营养，得到启发，意识到这是一个将广义相对论与量子理论融合在一起的良好开端。于是，霍金进行了一系列的计算，最后承认了贝肯斯坦"表面积即熵"的观念，提出了著名的霍金辐射[15]。

霍金与贝肯斯坦一起得到了黑洞温度的表达式。然后，根据黑体辐射的基本原理，自然便得到与此温度相对应的黑体辐射谱。由此出发，霍金提出了黑洞也会辐射的概念。当然，黑洞辐射不是一句话或者一个简单公式就能了事的，首先得说明辐射的物理机制。根据霍金的解释和计算，黑洞辐射产生的物理机制是黑洞视界周围时空中的真空量子涨落。在黑洞事件边界附近，量子涨落效应必然会产生出许多虚粒子对。虚粒子对是量子场论中引进的一种数学描述。可以被想成只是"暂时的"出现在计算中，而不是真正的能够被侦测到的粒子。

由于并非"实"粒子，虚粒子的能量可以为负值。这些粒子，反粒子对的命运有3种情形：一对粒子都掉入黑洞；一对粒子都飞离视界，最后相互湮灭；第三种情形是最有趣的：一对正反粒子中携带负能量的那一个掉进黑洞，再也出不来，而另一个（携带正能量的）则飞离黑洞到远处，成为"实粒子"，形成了霍金辐射，见图18-2。

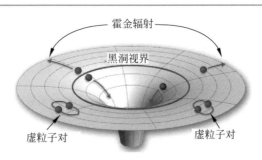

图 18-2 霍金辐射

如此一来，黑洞在物理学家们眼中的形态发生了变化。黑洞不再无毛，原来只见稀疏的几根毛，是在远处"观察"的经典黑洞。而现在举着放大镜仔细瞧，结果就不一样了：黑洞熵的存在，似乎让视界表面密密麻麻"印"满了信息；霍金辐射使得黑洞不黑，至少不是"全黑"，而是长满了无数多的"辐射毛"。

如今，天文学家们在宇宙中已经观测到很多黑洞的候选天体，是否有证据证实霍金辐射真实存在呢？答案是：迄今为止还没有。这是因为黑洞虽然有辐射，但强度却微乎其微。从计算黑洞温度的公式可知，黑洞的温度与黑洞质量 M 成反比，对一般情况下的黑洞，计算出来的温度值非常低，大大低于宇宙中微波背景辐射所对应的温度值（2.75 K），因此不太可能在宇宙空间中观测到霍金辐射。不过，从宇宙学的角度看，黑洞基本上分为3类：恒星黑洞（由质量大于3倍太阳质量的恒星经由引力坍缩而成）、超大黑洞（位于星系中心，质量可以是太阳质量的上百或者上亿倍）。以及，还可能存在一种微型黑洞，又称作量子黑洞，质量小到可与月球质量比较，或者更小。在这个尺度上，量子力学效应将扮演重要角色。这种黑洞有可能是在宇宙大爆炸初期产生的原生黑洞，也许在不远的未来将被天文学家捕捉到，那时候有可能以此验证霍金辐射。

3. 黑洞信息悖论

理论越复杂，带来的问题越多。尽管霍金辐射目前仍旧属于理论研究的阶段，但已经使得霍金及黑洞物理学家们伤透脑筋，霍金也多次更改他对黑洞的看法，将黑洞视界上的"毛发"性质进行着各种各样的改变。

霍金辐射导致的最典型问题，是所谓"黑洞信息悖论"。

如前所述，贝肯斯坦提出黑洞熵的概念，认为黑洞将它的信息都保存记录在它的视界表面上，就像一张二维全息图可以保存三维影像一样，视界表面就是黑洞信息的全息图。黑洞是由星体坍缩而形成，形成后能将周围的一切物体全部吸引进去，因而黑洞中包括了原来星体大量的信息。然而，现在有了霍金辐射，辐射粒子在视界附近随机产生，逃离黑洞引力，并带走一部分质量，这样便会造成黑洞质量的损失。黑洞质量会越来越小，逐渐收缩并最终"蒸发"而消失。因为霍金辐射粒子是因为真空涨落而随机产生的，不可能带走与黑洞有关的任何信息，这种没有任何信息的辐射最后却导致了黑洞的蒸发消失，那么，当黑洞蒸发消失之后，原来"记忆"在视界面上的信息也全部消失了，这个结果与量子理论相违背，量子理论认为信息不会莫名其妙地丢失。这就造成了黑洞信息悖论。

此外，形成"霍金辐射"的一对粒子是互相纠缠的。处于量子纠缠态的两个粒子，无论相隔多远，都会相互纠缠。即使现在一个粒子穿过了黑洞的事件视界，另一个飞向天边，似乎也没有理由改变它们的纠缠状态，这点也困惑着理论物理学家们。

图 18-3（a）所示黑洞的左边代表"无毛"的经典黑洞。如果考虑黑洞的热力学性质，便相当于认可黑洞有一定的内部微观结构，如图 18-3（a）右半边所示。能量在这种结构中的分配方式构成了黑洞熵，熵值的大小正比于黑洞视界的表面积。图 18-3（b）表示黑洞信息丢失与量子力学理论的矛盾。

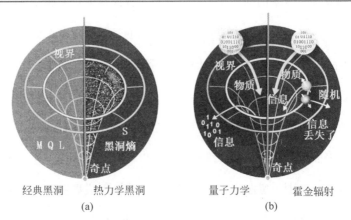

图 18-3　经典黑洞和黑洞熵（a）以及霍金辐射与量子力学的矛盾（b）

信息悖论的争论和探讨不断，似乎在黑洞专家们之间发起了一场"战争"，在美国斯坦福大学教授伦纳德·萨斯坎德（Leonard Susskind，1940—）的《黑洞战争》一书中，对此有精彩而风趣的叙述[16]。

霍金相信他的研究结果，只好认为信息就是"丢失"了。战争的另一方则强调量子力学的结论，认为信息不可能莫名其妙地丢失。黑洞视界犹如一张储存立体图像信息的"全息胶片"，在霍金辐射过程中，所有这些保存在二维球面上的信息，应该会以某种方式被重新释放出来。

4. 霍金的软毛黑洞

纵观黑洞概念的发展，变化都纠缠于视界的附近。从经典的广义相对论观点，黑洞包含了时空的奇点，是理论应用到极致的产物。之后的黑洞热力学和霍金辐射又涉及量子理论。因此，黑洞提供了一个相对论与量子相结合的最佳研究场所，使得理论物理学家们既兴奋又头痛。2015 年激光干涉引力波天文台（Laser Interferometer Gravitational-Wave Observatory, LIGO）接收到了黑洞合并事件产生的引力波，更让物理学家们感觉这方面的理论设想有了实验验证的可能性。

图 18-4 列出了从 1916 年广义相对论预言黑洞开始，到之后的黑洞信息悖论，对"黑洞视界"的描述所经历的几个关键年代。21 世纪初，随着物理学特别是弦论的发展，越来越多的研究人员认为，掉入黑洞中的信息会在黑洞消失时逃逸出来，这些讨论迫使霍金于 2004 年接受了这种观点，尽管他仍然不清楚信息是如何逃逸的。

2012 年前后，美国加州大学圣芭芭拉分校的 4 位理论物理学家以约瑟

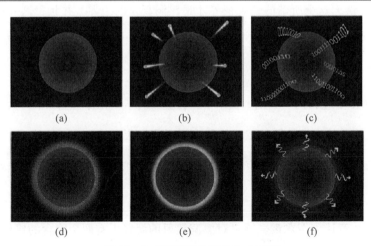

图 18-4　"黑洞信息悖论"大事记

（a）1916 年经典黑洞无毛；（b）1974 年提出霍金辐射；（c）2004 年黑洞发出信息；（d）2012 年提出火墙视界；（e）2014 年提出表观视界；（f）2016 年提出软毛视界

夫·玻尔钦斯基（Joseph Polchinski）为首，发表了一篇论文：*Black Holes: Complementarity or Firewalls*？[17]。文中提出了"黑洞火墙"理论。（这里，Firewall 可以翻译成防火墙，但在这里的意思不是"防火"的墙，而是"着火"的墙，故翻译为"火墙"）。他们认为，在黑洞的视界周围，存在着一个因为霍金辐射而形成的能量巨大的火墙。当量子纠缠态的粒子之一，穿过视界掉到这个火墙上的时候，并不是像广义相对论所预言的，悠悠然什么也不知道，毫无知觉地穿过视界被拉向奇点，而是立即就被火墙烧成了灰烬。原来的量子纠缠态也在穿过视界的瞬间便会立即被破坏掉。

这篇论文把矛盾集中到了黑洞的事件视界上。霍金于 2013 年 8 月在加州圣芭芭拉卡维利理论物理研究所召开的一次会议上发表了讲话，就此争论表态，并于 2014 年 1 月 22 日发表一篇文章，提出另一种新的说法，认为事件视界不存在，所以也没有什么火墙。霍金代之以一个替代视界叫作表观视界（apparent horizon），认为这个所谓的表观视界才是黑洞真正的边界。并且，这一边界只会暂时性地困住物质和能量，但最终会释放它们。因此，霍金宣称黑洞不黑，应该叫作"灰洞"。

在 2016 年 1 月的一篇网上文章中，霍金又有了新花样。他和剑桥大学同事佩里，以及哈佛大学的斯特罗明格的文章后来发表在《物理评论快报》上[18]。文中表示，导致信息悖论问题的原来假设中有一些错误。他们的最新文章指出了该问题的研究方向，也许能带来解决悖论的方法。

上述文章认为，在霍金原来对黑洞辐射的解释中有两个隐含的错误假设，一是认为黑洞虽然有熵但仍然无毛，二是认为真空是唯一的。而实际上，量子理论中允许无数个简并真空。另外，黑洞并非无毛，而是长满了"软毛"。

"软毛"的概念与斯特罗明格近几年的另一个研究有关。原来所谓的黑洞无毛原理中决定黑洞的 3 个参数，对应于能量（质量）、电荷、角动量。斯特罗明格在研究引力子散射时发现，在量子真空中存在无数多个守恒定律，相当于有无数多根毛。不过，这是一些"软毛"。软的意思是说，这些毛的能量极低，低到测量不到的范围。并且，"软毛"的理论对电磁波也成立，因此，三人便将其用于黑洞研究中，通过考虑存在黑洞时的电磁现象来解释信息悖论，据说得到不错的结果，称之为黑洞的"软毛定理"。

比如说，黑洞附近真空中存在能量极低（几乎为零）的光子，可称为"软"光子。这种"新真空"对应一种新守恒荷，新荷的守恒定律是通常电荷守恒的推广。在经典的引力与电磁学中，黑洞视界对新守恒荷的贡献为零。而霍金等 3 人的文章中研究了黑洞视界对新荷的贡献，认为这种贡献不为零，这些软光子组成了黑洞上的"软毛"。黑洞可以携带的软毛有无数根。他们还进一步证明，黑洞在辐射时，即一个粒子掉入黑洞，一个粒子飞离黑洞的过程中，会为黑洞增添一个软光子，或者说，激发视界长出一根软毛。软毛上记载着掉入黑洞的粒子的信息，新荷的守恒定律意味着黑洞蒸发时视界软毛上的有关信息将被释放出来。

霍金等 3 位作者也承认他们并没有完全解决黑洞信息悖论，他们研究了"软"光子，但尚未研究"软"引力子。此外，这种软毛是否能够真正解决信息丢失问题，也还有待研究者们进一步地跟进。

霍金以研究黑洞而著名，他对黑洞的主要贡献是指出黑洞奇点的不可避免性，以及提出霍金辐射。但这都是有关黑洞的理论预言，并且辐射非常微弱，迄今为止没有直接的实验验证。霍金等理论物理学家密切注视着天文中对黑洞的观测证据。十分有趣的是，霍金喜欢打赌，多次因黑洞有关问题与同行打赌。欲知他赌了些什么，输赢如何，且听下回分解。

第 19 节
天文观测寻黑洞　物理学者赌输赢

作为恒星归宿的 3 种天体，白矮星早在 1910 年就被发现，中子星也在 1967 年被剑桥大学卡文迪许实验室的贝尔和休伊什发现。于是，20 世纪六七十年代，天文学家们开始在天空中寻找黑洞。茫茫宇宙中，黑洞在哪里呢？黑洞不发光、不辐射，便不能被看见，那么应该如何来寻找它们？最后，人们把寻找的目标指向了双星系统。

双星系统是太空天体中一个有趣的现象。不仅仅人类社会中成双结对，恒星也喜欢找一个"舞伴"，共同牵手在太空中翩翩起舞。据观察，在银河系的众星中，有一半以上的恒星都是双星。其实从物理学的角度来看并不难理解，恒星有大有小，两两相邻的可能性很大。如果两颗星质量差别大，便会一个被另一个俘获。质量差不多的两颗恒星，便共同围绕质心转，形成双星系统。如果一个黑洞与另一颗星结成了双星，那就好了！我们看不见黑洞，总看得见它亮丽的舞伴吧！这个舞伴的运动会被黑洞所影响，顺藤摸瓜，便能找到这个看不见的伴侣的信息，由此又可以进一步判定它是不是一个黑洞。

还不仅仅如此。观测双星系统时，不仅能观测到更为明亮的那一颗，也能观察到从另一位"看不见的舞伴"附近辐射出来的某些东西。即使是黑洞，虽然在它的视界之内不会有任何物体逃脱，但在它的视界之外却能观测到辐射现象。

天体的辐射除了可见光之外，还有 X 射线、伽马射线、红外线、射电波等。但并非所有波段都可以直达地面。比如 X 射线，由于大气层的阻挡作用，在地面上不容易接收到。自从 V2 火箭把人带上了太空，X 射线的探测便逐渐进入到天文学领域。1962 年，美国天文学家里卡尔多·贾科尼（Riccardo Giacconi，1931—　）利用探空火箭在 X 射线波段进行了全天范围内的扫描，正式开创了 X 射线天文学。1970 年，贾科尼领导的第一颗 X 射线天文卫星（乌呼鲁卫星，"探险者 42 号"）升空，确定了 339 个新的 X 射线源，包括第一个黑洞候选天体——天鹅座 X-1。贾科尼后来因为其对 X 射线天文学的卓越贡献而获得 2002 年的诺贝尔物理学奖。如今，太空中发现的 X 射线源天体的总数已经达到了 12 万个。

天鹅座 X-1 便是一个距离太阳大约 6070 光年的双星系统，是从地球观测最强的 X 射线源之一。这个双星系统为何发出 X 射线？与系统中两个星体的性质有关。

对致密 X 射线源天鹅座 X-1 的观测研究表明，它是由一个超巨星和另一个质量颇大却又"不可见伴星"组成的（之后证实这是一个黑洞）。此类双星系统内有一些有趣的现象。首先，物质不停地从可见的超巨星表面流向它的同伴，像是被一股"风"吹过去似的。这股连绵不断的"妖风"使得超巨星变成"液滴"形状，见图 19-1（a）。物质绵绵不断地从"液滴"的尖端，被输送到"不可见"的星体，积累和弥散在其周围，形成一个圆盘形状，也就是天文学家们所说的"吸积盘"。

多次的天文观测证实，吸积盘（accretion disc）是恒星周围具有的一种常见结构。由弥散物质围绕中心体转动形成。中心天体可以是年轻的恒星、原恒星、白矮星、中子星、黑洞等。弥散物质在中心体强大引力的作用下，将落向中心体。但另外，如果这些物质旋转的角动量足够大，使其在落向天体的某个位置处，

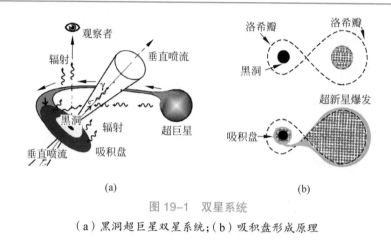

图 19-1　双星系统

（a）黑洞超巨星双星系统；（b）吸积盘形成原理

离心力与引力相抵消时，便会形成一个相对稳定的盘状结构，就是"吸积盘"。

在吸积盘中，物质被引力吸引下落的过程中，释放出大量能量，在临近中心体的地方产生垂直于盘面的狭窄的漏斗状喷流，如图 19-1（a）所示。此外，不断进入中心体的周围物质所携带的引力能得到释放后，高能电子会摩擦并将吸积盘中的气体加热到很高的温度，导致气体向外辐射。辐射的主要频率与中心天体的质量有关。对于年轻恒星，吸积盘辐射多半为红外线，中子星及黑洞产生的吸积盘辐射则多半为 X 射线。热辐射的温度要达到 10^6 K 数量级才可以显著地发出 X 射线。所以，双星系统中黑洞周围吸积盘的形成是来自巨星的物质供给。图 19-1（b）解释了物质为什么会从一个星体流向另一个星体。在第 16节中介绍希尔球时曾经提到过的"洛希瓣"在这里起了作用。

洛希瓣是包围在恒星周围的一个空间界限，在这个范围内的物质因为该天体的引力而被束缚。但如果这个恒星体积膨胀至洛希瓣的范围之外，如图 19-1（b）下图所示，那么这些物质将会摆脱掉恒星引力的束缚。在双星系统中发生这种情况的话，摆脱巨星引力的物质却有可能被它看不见的同伴的"黑手"抓去，就像上面所叙述的天鹅座 X-1 的情况那样，形成了黑洞的吸积盘。

然而，天文学家又如何确定天鹅座 X-1 双星中那位看不见的舞伴是黑洞而不是其他种类星体呢？这就需要测量该星体的质量。因为从前面所述的奥本海默极限，最后能演化成黑洞的天体质量要大于约 3 倍的太阳质量（图 17-1（b））。星体质量的测量和估算非常困难，不过随着天文技术的进步，测量的数值会越来越准确。目前估计的天鹅座 X-1 的质量约为太阳质量的 8.7 倍，加之其密度极高，这些数据成为支持它是一个黑洞双星系统的重要证据。从观测资料可以估算出天鹅座 X-1 黑洞的事件视界半径约为 26 km。

因此，尽管我们无法直接观测黑洞，但它对周围物质强大的引力作用使我们能间接观测到黑洞存在的证据。有科学家估计在银河系内黑洞的总数应以百万计，但直到目前能够确定为黑洞(或黑洞候选者)的天体却只有寥寥数十个。

除了恒星黑洞外，有确切的观察证据表明银河系中心是一个质量为大约 431 万倍太阳质量的超大质量黑洞。天文学家认为，这种超大质量黑洞在星系中心普遍存在。此外，在宇宙的极早期阶段也会形成质量极小(约 1^{-15} g)的原初黑洞，但目前尚未观察到。

第一次观察到天鹅座 X-1 黑洞时，霍金便与基普·索恩打赌，霍金赌天鹅座 X-1 不是一颗黑洞。如果霍金赢了，索恩给他 4 年的《侦探》杂志；反之，霍金给索恩订 1 年的《阁楼》杂志。实际上当时，两位学者都知道天鹅座有 80% 的可能性是黑洞，但这是霍金采取的打赌的"保险措施"。因为他无论输赢都高兴，赌赢了得杂志，赌输了证明黑洞存在，说明他的理论正确。后来，观测证据显示这个系统中存在着引力奇点，的确是一个黑洞。霍金承认打赌失败，给索恩订了一年杂志，还大张旗鼓地在当年的文件上按手印"认输"。但他打心眼里高兴，因为这是黑洞物理理论的第一个观测证据。

第4章

航天漫谈

"人生不相见，动如参与商。"

——唐·杜甫

气态木星朱庇特　巨大神秘行星王

NASA 的"朱诺号"飞船在长达 5 年的旅行后，于 2016 年 7 月 4 日晚 11 时 53 分，成功地进入环绕木星轨道。开始它长达 20 个月的观测任务。木星不像地球有固态的表面，是一个气态行星。如此一个人类到了上面站也站不住的"气体"星球，表面温度极低，大气中也没有"氧"，显然不可能存在智慧生命，但科学家们却对它十分感兴趣，三番五次地派出使者，究竟是为什么呢？

1. 太阳系中的巨无霸

木星是太阳系中最大的行星，体积大到可以容纳 1300 个地球，的确堪称太阳系中的巨无霸。虽然"霸王"的体积是地球的 1300 多倍，但质量却只有地球的 300 倍。因为它不如地球那么坚固致密，属于气态巨星。不过，它的质量仍然超过了太阳系中其他行星质量总和的 2.5 倍 [19]。

尽管在望远镜发明之前，人类应该并不确切地了解木星有多大，但古人的直觉惊人，在许多文化中都不约而同地将木星捧为众行星之王。西方以古罗马神话中的众神之王"朱庇特"（Jupiter）来命名它，也就是相当于古希腊神话中统领宇宙的天神宙斯。

中国古代将木星称为"岁星"，因为它绕太阳运行一周的时间为 12 年，与中国古代纪年历法中的地支相同，也正好是民间使用的生肖的轮回周期。中国古人还认为地球上农业的丰收兴旺或饥荒灾害等，均与木星运转周期（12年）有关系，他们将岁星看成是主管农业的星官，地位极高，所在之处将五谷丰登，因此建造专门的庙宇来供奉岁星。所以，在中国古人的眼中，木星有规律的运行，记录和主宰着天干地支、生命轮转，象征着农业兴衰。

从伽利略开始，400年来，人类从未间断过对木星的探索，特别是如今进入了航天时代，已经有多个航天器飞掠过了木星附近，带给了科学家有关木星的许多第一手宝贵资料。但这颗巨星仍然谜团多多，它有许多特别之处吸引着天文学家们。

就观测效应而言，木星表面看起来有红、褐、白等五彩缤纷的条纹，类似木纹，难怪我们的祖先称此星为"木星"。有时又使人感觉木星表面的纹路类似大理石。最奇怪的是，"纹路"中还夹着一块令人印象深刻的大红斑。这是一个巨大的气体旋涡，它的大小和颜色也经常发生变化。

木星的第一特点当然是"大"，大到只比太阳小一个数量级；比起地球来，则要大一个数量级，见图20-1中的左图。木星大到你可以说不是它在绕着太阳转，而是它和太阳一起绕着它们两者的"质心（质量中心）"转动。如果简单地考虑

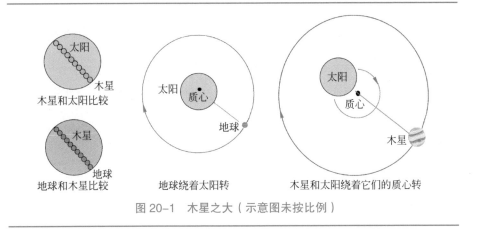

图 20-1　木星之大（示意图未按比例）

两体运动模型，在地球的情形，因为太阳比地球大太多，它们的质心基本上与太阳中心重合，因此，地球是"真正"绕着太阳转（图20-1的中图）。而木星和太阳的质量中心，已经偏离到了太阳表面上，所以结果是木星和太阳都绕着质心转，木星转大圈，太阳转小圈，如图20-1的右图所示。

木星除了公转之外，也有自转。木星的自转速度也破纪录，是太阳系所有行星中最快的，对其轴完成一次旋转的时间少于10 h。

不妨作一个有趣的设想：假设你掉到了木星上，接下来会发生些什么呢？毫无疑问，你即使不死也会被折腾得够呛，或者说叫作"生不如死"。首先，木星的大气中没有"氧"（这也是木星的未解奥秘之一），不过，我们可以假设你携带了足够的氧气。其次，你将经受巨大的、时速上百千米的超级风暴和致命的辐射（后面将介绍），不过我们也可以假设你的宇宙服足够先进，能帮你抵挡辐射。然后，如果我们考虑木星的巨大质量和体积的话，它表面的重力加速度是地球加速度的2.5倍。那么，这将使你在掉落的过程中非常难受。除了难受之外，因为你以极高的速度穿过木星的大气，你可能会像地球上常见到的"流星"一样，被燃烧殆尽。

假如你历经了以上的磨难还侥幸活了下来，并且到达了木星的所谓"表面"，你也没法站立，因为木星的表面只不过是一个从气态过渡到液态的氢和氦的混合"海洋"！你在这海洋中不断下沉，在这个过程中你将看到些什么？感受如何？沉到何时为止？那就得由木星这类气态巨行星的内部结构和成分来决定了。遗憾的是，科学家们对这些问题的答案仍然知之甚少，只能大概作一个粗略描述。

2. 气态巨行星引人关注

如果将木星像切西瓜一样剖开，内部应该是逐层过渡的结构，压力不断增加，温度不断升高，如图20-2所示。因为压力升高，气态的氢（氦）将变成液态，液态氢再变成金属氢。在木星表面的大气顶层，温度只有零下几百摄氏度，但到了液态氢那一层，温度可达 8000℃，高于太阳表面的温度，高温高压状态下的液态氢看起来像滚烫的岩浆，汹涌澎湃。

木星的组成及其内部结构，是发射"朱诺号"这类木星探测器的科学家们想要探测的秘密之一。木星表面由液态氢及氦组成，内部成分只能靠猜测。像木星这种巨行星，一般被假设为有一个岩质的核心，与地球核心类似，高压高温。但地球的核心是由熔融的铁和镍构成，木星核心的成分应该主要是金属氢，温度和压力都比地心高得多。核心的温度几万摄氏度，压力达几亿个标准大气压，外围和核心含有大量的金属氢（图 20-2）。金属氢是氢气被充分压缩后的产物，将表现出金属的特性，但在地球上（实验室里）难以得到这么高的压力，因此金属氢一直未被实际观察到，这是实验物理学的遗憾。此外，木星的强大磁场可能就由金属氢中的电流产生。科学家们希望能在对木星探索的过程中，得到一些相关的信息。

气态行星引人关注，与近 20 年来天文观测中发现的太阳系外绕其他恒星转的行星（系外行星）有关。在已发现的几百颗系外行星中，绝大多数都是距离恒

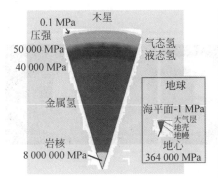

图 20-2 木星的内部结构

九天揽月：太空探索史话

星较近的高温气态巨行星，与木星颇为类似。因此，对木星的研究将加深我们对系外行星的认识，了解木星的形成过程将为了解其他行星的形成提供重要的线索。

比如说，氧是宇宙中仅次于氢和氦的第三大元素，但是比起太阳而言，木星上的元素成分中，重元素（氮、碳等）含量比太阳上高得多，唯独氧元素比较稀缺，氧到哪儿去了？是否与氢原子结合成了水？那么，木星上水占有多少比例？有人认为木星中的氧元素含量或水的含量，不仅能够解释木星大气的诸多特殊现象，并且很可能隐藏着木星以及原太阳星云的秘密。探索这些未解之谜有助于了解太阳系以及各个行星（包括地球）的形成和演化过程。

3. 磁场和极光

作为太阳系中的老大，木星拥有非常强大的磁场。木星的磁层结构是一个人眼看不见的"巨无霸"势力范围。木星的表面磁场是地球磁场的50~100倍，整个磁矩是地球磁矩的18 000倍（图20-3（b））。强大的磁场与太阳风相抗衡，使得木星周围形成强大的辐射带，木星辐射带的强度是地球辐射带的数千倍，见图20-3（a）。"先驱者10号"航天探测器在1973年直接测量到了木星的磁场。木星的磁层中强大的电流在极区形成美丽的极光，看起来和地球上的极光类似，

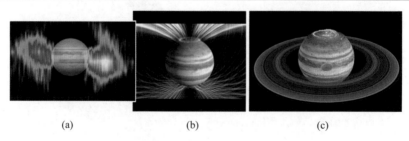

图20-3　木星的巨大磁场（图片来源：NASA）

（a）木星的辐射带；（b）木星的磁场；（c）极光、木星环

但地球极光是难得出现的天象，只有当太阳活动异常的时候才会出现。木星的极光虽然也会变化，但却是"永驻"在极区的。虽然木星极光绚丽多彩，却不宜近处观赏，因为木星的磁层有捕获粒子并使粒子加速的作用，在周围空间形成的强大辐射带，会危害探测器的电子设备及人类健康。木星强大磁场的来源、辐射带的特点，以及神秘的极光现象，都有待揭秘。

太阳系的八大行星中，土星的光环最令人着迷。实际上木星、天王星、海王星都有光环，称之为"行星环"，是气态星球的特征。不过，木星的光环昏暗、不起眼，在地球上很难观测到木星环。1979 年，借助于"旅行者号"探测器，天文学家才首次发现了木星环（图 20-3（c））。木星环的成分是些什么？它为什么不能像土星环一样保持对称的形状？这些未解之谜，令科学家们困惑了若干年。

4. 木星的卫星

伽利略（Galileo，1564—1642）对天文学的贡献无人能比，他是改进制作望远镜并用它指向天空的第一人。1609 年，荷兰光学专家汉斯·利柏黑（Hans Lipperhey）将两个凹凸镜片放在一起制成了望远镜，伽利略知道后立刻动手改良，造出了一具放大 20 倍的望远镜。伽利略当时身为数学家，原来想用望远镜来观测天象以求证数学之美，没想到小小的镜头为他展开的是一片全新的视野。他看到了月亮表面的阴影，表明月面凹凸不平；他看到了银河由许多星星组成，表明地球以外的宇宙之大；他发现金星满盈现象，与托勒密地心说不符合……这些使伽利略激动不已的新发现，不被当时权威的宗教统治者所接受，而且实际上为被视为异端的哥白尼日心说间接提供了证据[20]。

科学家在新发现面前总是欲罢不能，伽利略在好奇心驱使下继续观察。1610 年 1 月 7 日，他将望远镜对准了木星。他发现木星总是被 3 颗星伴随着。伽利略开始以为这是与木星不相干的另外 3 颗恒星："我在今晚观察木星，我看见木星旁边有 3 颗恒星，它们非常小，肉眼根本看不见……"几天后，伽利略在木星旁边又发现另一颗，总共 4 个光点，像 4 颗乒乓球一样陪伴在木星身边。接连好些天的观察事实让伽利略认识到，那 4 颗星不是恒星，它们除了一直随着木星运动之外，还围绕着木星转动，所以和月亮绕地球转一样，它们应该是木星的卫星！

因此，这个结论间接说明了地球不是宇宙的中心，因为除了地球之外，起码还有那 4 颗星是绕着另外一个中心——木星旋转的！

聪明的伽利略利用他的新发现来笼络当时佛罗伦萨最大的贵族——麦迪逊家族，他将新发现的这 4 颗木星卫星命名为"麦迪逊星群"，因为正好麦迪逊家族有 4 个儿子。麦迪逊家也因此安排伽利略成为比萨大学的教授，且不用教书和尽公职，只专心做研究，这使得当时的伽利略声誉满欧洲，人们似乎忘记了（或者说是视而不见）这些新发现对"哥白尼日心说"的支持。每个贵族，包括法国王室在内，都想叫伽利略找到什么新的星星好以他们的家族姓氏来命名。

不过，后来的天文界虽然承认伽利略发现了木星的这 4 个最大的卫星，却不接受他提议的贵族命名，而是将它们称为"伽利略卫星"。4 个卫星的名字分别为：伊娥（Io）、欧罗巴（Europa）、加尼美德（Ganymede）、卡利斯托（Callisto），取的都是希腊神话中宙斯情人的名字。之后人们又不停地发现了木星的多个卫星。据当前的资料，木星卫星数目是太阳系行星中最多的，地球只有一个月亮，而目前发现的木星卫星已有 67 个。有趣的是，据说人们继续用宙斯情人（或倾慕者）的名字，或这些人的女儿（女儿的女儿）名字来命名它们。不过笔者认为，对如此众多伴侣的星王，还是以数字排队比较科学。比如说，4 颗伽利略卫星被简单地称为木卫一、木卫二、木卫三、木卫四。

木星卫星中只有 8 颗属于轨道近圆形形体较规则的卫星，包括 4 颗最大的伽利略卫星，以及其余 4 颗体积更小、但更靠近木星的卫星。这 4 颗小规则卫星（木卫十六、木卫十五、木卫十四、木卫五），被认为是薄薄的木星环尘埃的主要来源，见图 20-4 左边木星环的结构剖视图。

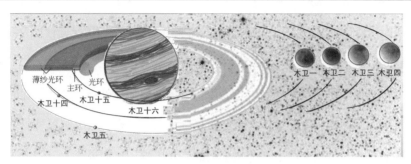

图 20-4　木星的 8 颗规则卫星

　　4 颗伽利略卫星的直径均超过 3000 km，其大小都可与月球相比较，最大的木卫三比水星还大。不过，木星的其余 63 个卫星就都是娇小玲珑的"矮个子"了，直径都低于 250 km，有的还不到 1 km。木卫一是个很特别的卫星，离木星最近，巨大的潮汐力导致其内部地质活动非常活跃，有好几个正在频频爆发的活火山；木卫二（三、四）近年来也备受关注，因为这几颗卫星的冰层下面是海洋，很有可能有生命存在。

　　木星拥有如此众多的卫星"伴侣"，使它看起来颇像一个小太阳系。木星及其卫星系统的形成和演化过程仍然是一个谜。事实上，根据早期探测器的探测结果，木星核心的温度很高；木星具有很强的辐射，辐射的总能量是从太阳得到的能量的数倍到数十倍。因此，有些学者认为木星是一个未曾"发育成形"的恒星，只是因为当初质量太小，不足以维持聚变反应而"修炼"成恒星。不妨想象一下，假设木星当初在演化的过程中，俘获了足够多的质量（需要现有质量的几十倍），成为一颗货真价实的恒星的话，我们地球的天空上便将拥有两个太阳！

木星磁场看来是来自于内部"发电机"，但它是如何工作的？仍然一直是个谜。纵观地球的演化历史，地磁场南北极曾经数次翻转，翻转周期很长，30万年左右才翻转一次，太阳的磁极则11年便发生翻转。那么，木星的磁场是不是也翻转呢？周期是多少？这些问题的答案只有当对木星极区的情况进行更为细致的探索研究后方能解答。

与地球类似，木星的磁层也与太阳风有关，但地球磁场更被动，它的形状和结构更多地依赖于太阳风。木星的磁场则更具主动性，除太阳风外，也取决于木星和它的几个伽利略卫星磁场之间的互相影响。比如说，木卫一上不间断的火山活动为木星注入大量的等离子流，见图20-5（a）。

因为木星与地球磁层形成机制之不同，造成它们的极光现象也有所不同。地球极光是由于太阳风中的高能粒子扰动地球磁场所产生的，而木星极光还可以产生于自身的强大磁场以及来自木卫一喷出的大量带电粒子流。木星极区周围的带电粒子储备太丰富了，引发极光的源头很多，光电效应接连不断地发生，因而造成木星极区"极光常驻"的现象。此外，木星的大红斑本身就很有可能

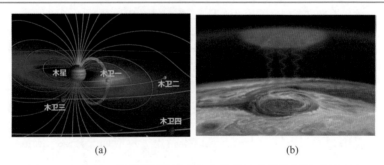

(a)　　　　　　　　　　(b)

图 20-5　木卫一的等离子流及大红斑的热流（图片来源：NASA）

（a）木星的磁场和木卫一的等离子圈;（b）大红斑可能相当于一个热源

是一个巨大的热源，因为科学家们发现，木星南半球大红斑附近的温度要比其他地区高很多，见图 20-5（b）。

　　总而言之，木星的种种独特之处，可能隐藏着它内部的许多秘密。因此，人类派出了最新的木星探测器"朱诺号"，准备亲临现场一探究竟。"朱诺"是何方神仙？有哪些特点？且听下回分解。

第21节
欲为夫君揭面纱　全靠"朱诺"布罗网

　　罗马神话中的朱庇特虽然情人和崇拜者众多，妻子却只有朱诺一个。传说朱庇特施展法力在自身的周围拉起了云彩而将自己藏身其中，但美丽而智慧的朱诺却可以看穿云雾、洞察真相，揭露朱庇特的真面目。这也正是地球上天文学家们研究木星的目标和愿望。木星被厚厚的云层包围，成年累月地刮着可怕的风暴，风暴之下隐藏着些什么？木星的真面目如何？"夫人"朱诺也许能够一探究竟，揭露这颗巨星的秘密。因此，天文学家们为他们的这个木星探测器取名为"朱诺号"。

　　"朱诺号"并不是第一个飞向木星的探测器。在它之前，已经有8个探测器拜访过木星。两个"旅行者号"、两个"先驱者号""伽利略号""尤利西斯号""卡西尼号"和"新视野号"等。"朱诺号"是造访木星的第9位地球来客，也是第2位被指派"常驻"木星轨道的人造航天器。

　　除了"伽利略号"之外，"朱诺号"之前的大多数航天器去到木星，只是为了"顺访"和"加油"。木星家大业大，接待个把客人不在话下，还可以顺便给客人来个"引力助推"，施舍一点能量，增大速度，让它们顺利到达目的地，完成人类赋予的使命。

　　当然，在"顺访"的过程中，探测器也会拍几张木星的照片，测量一些有关木星的数据，传回给地球上的主人。加上常驻木星的"伽利略号"定期发回的观测结果，这些宝贵的信息大大加深了人类对木星的认识。别的不说，人类发现的木星卫星的数目从几颗增加到了 67 颗，其中绝大多数都是这些前期造访者的功劳。

"朱诺号"的前任使者"伽利略号"，也算尽忠职守，设计者原来只给它设计了 2 年左右的"绕木"工作任务。但"伽利略号"从 1989 年到 2003 年，"绕木"8 年，总共服务 14 年后，最后因为诸多问题"光荣退役"后"壮烈牺牲"，永远消失在木星的大气层中。之后，这个位置空缺了数年，直到"朱诺号"的到来。"伽利略号"还记录了 1994 年舒梅克·列维九号彗星撞木星的天文奇观，这是人类第一次观察到太阳系内两个天体碰撞事件。

"朱诺号"虽然长相不如朱诺天后那般美丽，却是"集智慧于一身"。它看起来像一架 3 个叶片的大风车，见图 21-1。"朱诺号"高大威武，质量 3.6 t，仅仅是位于核心处的"大脑"部分，直径便有 3.5 m，与一个汽车拖箱的尺寸相当。3 块巨大的太阳能电池板，每一块长 9 m，宽 2.65 m。

这 3.6 t 的质量，都是些什么呢？其中有 2 t 左右是燃料和氧化剂。探测器飞行需要能量，特别是在整个轨道转换过程中，需要进行数次速度变换，这些供给速度变化所需的燃料，都是精打细算后放置的。其余的质量，包括 9 台测量所需的科学仪器：微波辐射计、木星极光红外成像仪、先进星光罗盘、木星极光分布实验、木星高能粒子探测仪、无线电及等离子波探测器、紫外成像光谱仪和朱诺相机。还有磁强计被安置在一根太阳能帆板的顶部（图 21-1），以便尽可能地远离飞船本体，以避免飞船自身其他设备工作时产生的磁场干扰磁强计对木星磁场信号的测量。

此外，为了防止木星的强辐射影响，科学家让"朱诺号"戴上一个沉重的

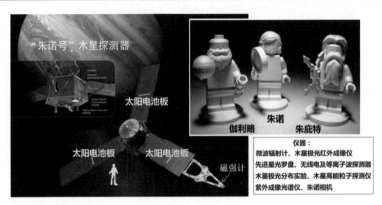

图 21-1 "朱诺号"（图片来源：NASA）

"头盔"：约 0.8 cm 厚的钛合金板制成的抗辐射电子防护罩，总质量约为 200 kg。头盔保护着探测器的大脑（指令与数据系统）和心脏（电力系统等）。

即使对航天器的每一克质量都需要斤斤计较的情况下，科学家们仍然不失幽默地使朱诺尽量人性化，让她带上了 3 尊乐高人像（是铝制品而不是普通塑料制成的乐高）。他们分别是：手持望远镜探索木星的伽利略、用放大镜明察秋毫的朱诺，以及手握闪电的朱庇特，如图 21-1 所示。

1. 巡航 5 年被俘获

不要忽略了研究"朱诺号"奔向木星的运行轨道，其中隐藏着许多奥秘[21]。

图 21-2（a）显示的是"朱诺号"被木星俘获之前的轨道，这段路程它走了 5 年，最终目的只是为了在木星附近工作 1 年多！

2011 年，"朱诺号"从地球奔向太空。2 年零 2 个月之后，它返回到离地 559 km 的高度，与地球擦身而过。如此设计有 2 个目的：第一个目的是，要借力于地球引力"助推"一下！从图 21-2（a）的轨道曲线可见，"朱诺号"第一次离开地球后，只到达金星轨道的位置就转弯了，距离木星的轨道还远着呢。实际上，那是因为在发射升空的 1 年之后（图 21-2（a）中标志在 2012 年 8 月

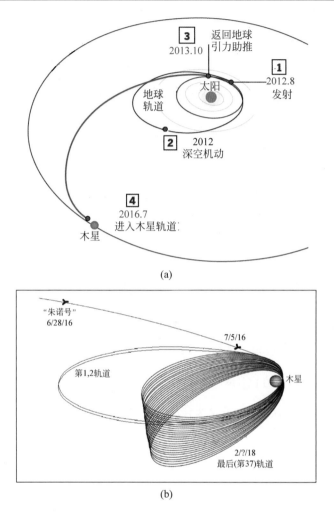

图 21-2　"朱诺号"绕木星的轨道（图片来源：NASA）

附近的小白点），轨道设计人员让它作了一次"深空变轨"，也许它那时候的速度还不够到达木星。总之，这次轨道变换使它转回头飞向地球。然后，地球的引力助推使"朱诺号"获得了 7.3 km/s 的速度增量！因此，第二次飞离地球的"朱诺号"（图 21-2（a）中 2013 年的蓝点）来势汹汹，似乎"铆足了劲"，向着图 21-2（a）中最下面显示的木星轨道冲去。

153

科学家们让航天器返回地球的另一个目的是，可以正好利用这段时间，趁机就近测试检查一遍其上的仪器设备。探测器到太空中游览了一圈，飞行了2年，就像是新研制成功的飞机做了一次现实环境下的飞行演习，设计者们需要近距离考察一下，看看是否有什么异常情况发生了。如果有的话可能还来得及纠正，如此才能让"朱诺号"的木星探测任务做好充分准备。

地球的引力助推是关键的一步。"朱诺号"携带了燃料，也可以依靠燃烧它们来获得速度，但燃料有限，烧掉就没了，2 t左右的燃料也只能为探测器带来2 km/s的速度改变，将此数据比较刚才所言的7.3 km/s速度增量，这种引力助推技术的优越性显而易见。

另一个节约航天器能源的方法是使用太阳能电池板，"朱诺号"在这一点上也创下了使用太阳能距离最远的纪录（7.93亿km），之前到达这个距离的大多数航天器是利用核能发电。木星离太阳的距离是日地距离的5.2倍左右，因为太阳能量的辐射遵从平方反比率，同样大小的太阳能电池板在木星处接收到的光能就只有地球处的1/25。这就是为什么"朱诺号"有3块尺寸巨大的风车叶片的原因，那上面总共放置了1.8万个太阳能电池，它们能为绕木星运行的"朱诺号"提供500 W左右的电力。

2016年7月4日，"朱诺号"到达了木星轨道。但"到达"并不意味着它从此后就会自动地绕着木星转圈。实际上，对"朱诺号"而言，这是一个命运攸关的时刻，它必须经受一个快速降低速度的过程，以便利用这个唯一的机会被木星俘获。该任务由航天器的主引擎燃烧35 min而顺利完成。如果燃烧时间太短或太长，不能使"朱诺号"被木星俘获的话，它便只能绕行太阳直到终老，而不能绕着木星转，也就创造不出丰功伟绩了！

最后，在美国独立节的礼炮声结束之际，"朱诺号"终于传来了一种特殊声调无线电信号，表明她"一切顺利，成功入轨"，使 NASA 实验室的人员欣喜无比，欢呼雀跃！

图 21-2（b）是"朱诺号"成功地被木星俘获后的"绕木轨道"。开始的 2 圈被设计为周期为 53.5 天的"俘获轨道"，让"朱诺号"在环绕木星的长椭圆轨道上喘喘气。这样做可以节约燃料，因为立即变轨到科学轨道需要很大的速度改变，同时也便于调整仪器并进行远距离观测。如此运行 2 圈（107 天）之后，"朱诺号"将实施最后一次变轨，进入周期 14 天的工作轨道。

2. 轨道密布似罗网

完成 2 圈的"俘获轨道"后，科学家们计划让"朱诺号"以周期 14 天的轨道环绕木星工作 33 圈（第 4~36 圈）。这 33 圈的轨道不是简单地重复，由于进动的原因，每次的轨道比上次都会偏离一点点，使得探测器能够从稍微不同的角度和位置来观测木星。这使得整体的轨道图，像春蚕吐丝、蜘蛛织网那样，密密麻麻地将木星包围其中。

"朱诺号"绕木轨道的进动是由于木星的质量、质量分布以及木星自身的高速旋转等多种原因造成的。广义相对论预言了德西特进动[22]与冷泽—提尔苓进动。德西特进动是中央质量存在所产生的影响，也被称为测地线进动，而冷泽—提尔苓进动（Lense-Thirring precession）则是因为中央质量的旋转造成的，以冷泽和提尔苓两位奥地利物理学家命名。测量冷泽—提尔苓效应，以此进一步验证广义相对论，也是"朱诺号"的科学任务之一。

木星引起的轨道进动也对"朱诺号"的"健康"造成负面效应。木星迫使"朱诺号"的轨道平面不断改变、周期不断缩短、近木点的高度不断增加，从开始时 4147 km 的高度，第 36 圈时将增加到 7950 km。近木点越高越靠近极区，辐射将越强烈。根据计算结果估计，在"朱诺号"的 32 条科学轨道中，后面

16 条受到的总辐射剂量，将是前面 16 条的总剂量的 4 倍，以至于对更后面的轨道而言，"朱诺号"受到的辐射将超过能够承受的最大辐射剂量，使其上的某些仪器无法正常工作。

3. 巧钻空隙避磁场

如图 21-3（a）所示，"朱诺号"的 33 条科学轨道像一个网兜一样，将整个木星包围其中，再加上"朱诺号"本身的绕轴自转，方便各个仪器有机会在不同的位置和角度对木星进行测量，得到更为全面的资料。

木星的强大磁场使其周围形成强大的辐射带，如图 21-3（b）所示。为了减少辐射，科学家为"朱诺号"量身打造了一个"钛装甲"来保护"朱诺号"的关键部位。这个盔甲能将其遭受的辐射强度减弱 800 倍。另外，电子设备中的处理器和电路也都预先经过了特殊的防辐射处理：一颗 RAD750 型抗辐射处理器可应对 100 万倍足以置人于死地的辐射剂量；抗辐射加固电路和传感器屏蔽装置能进一步减弱辐射对电子设备的影响。即便如此，这些防辐射措施仍然不够，"朱诺号"执行科学任务的过程中，高能电子仍有可能穿透头盔，产生二次光子和

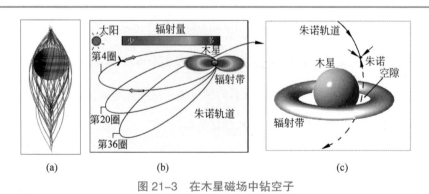

图 21-3　在木星磁场中钻空子

（a）轨道犹如天罗地网；（b）"朱诺号"的绕木轨道；（c）"朱诺号"的轨道穿过辐射带的缝隙

粒子喷射，导致"朱诺号"彻底瘫痪。

所以，为了进一步减少"朱诺号"受到的整体辐射量，还必须在"朱诺"的轨道上做文章。

如图 21-3（b）所示，"朱诺号"走的是"长椭圆极地轨道"，每一条轨道都是又扁又长，近木点与木星表面非常靠近（只有木星半径的 1.06 倍，木星半径大约 70 000 km）；远木点则大约为木星半径的 39 倍。因此，科学轨道上只有"近木点"的一小段靠近木星，轨道的其余部分大都远离辐射带，这样可以减缓辐射剂量的积累速度，让"朱诺号"存活足够长的时间，完成 20 个月的科学探测。

用望远镜细看木星的辐射带（图 21-3（c）），科学家们发现在木星环形辐射带与木星之间，存在一个无（少）辐射的缝隙区域。这是许多星体周围环形辐射带的特点，地球磁层也有类似的现象。对木星而言，这个缝隙有数千千米。不过，相比起几百万千米的轨道而言，该缝隙只能算是一个"针孔"。因此，科学家在设计"朱诺号"的绕木轨道的时候，巧妙地利用这个空隙，让探测器从极区俯冲而下，犹如穿"针眼"一样穿过它。瞄准针孔穿针引线，说起来容易实现起来还是很困难的，况且"朱诺号"的飞行速度很快，1 s 就飞过 70 km。但无论如何，专家们必须利用这个天然缝隙。他们有精准的理论基础、准确的计算技术作保证，克服这些困难。这样一来，"朱诺号"既能避免来自木星辐射带的粒子暴击，又能使自己与木星靠得足够近，在每条轨道上都有那么几小时（8 h 左右）的时间进行宝贵的科学探测，将这个"星王丈夫"看得清清楚楚！

从刚才的说法看来，"朱诺号"的工作效率好像不高，14 天的轨道上只有几小时做测量！其实不然，当"朱诺号"位于近日点附近，离木星只有 5000 km 左右。一旦离开近日点，"朱诺号"将飞升到木卫四的轨道之外，距木星约 1.9×10^7 km。在离木星不那么近的地方，也还是可以得到许多有用信息的。因此，"朱诺号"这段时间也没闲着，仍然有很多事要干。比如说，进行一些远距离的测量，收集引力场及磁场的资料，和地球上的"主人"定期进行通信会话、发送情报等。还有一件最重要的事情，就是利用这段时间调整 3 个大叶片的方向，让上面的太阳能电池阵列接收到最充足的阳光照射而充满电。此外，还得进行一定的轨道机动，以尽可能地调整下一次的轨道到避免辐射最有利的经度位置，为下一圈的轨道任务做好准备。

4. 快速自转有玄机

"朱诺号"在飞行过程中，不停地自转以保持飞行方向的稳定。这是基于角动量守恒理论，类似陀螺，高速绕轴自转的物体有保持转轴方向不变的趋势。并且，在"朱诺号"的整个旅程中，自转的速率不断变化。最开始的巡航路途遥远漫长，稳定性要求小一些，自转速度每分钟只有 1 转，在被木星俘获之后，轨道周期变小，自转速度变成每分钟 2 转。当实施变轨而点燃主引擎时，自转速度提高到每分钟 5 转来保证更好的稳定性。

除了加强稳定性之外，自转的优越性还包括设计简单，在旋转 1 圈的过程中使得所有的科学仪器都转了 360°，这样，相当于一个全方位自动扫描。

5. 终点冲刺自杀亡

地球微生物的生命力异常顽强，任何人造的航天器都可能携带着某种微生物。这样将会给航天器光临过的天体造成"污染"。目前，科学家们正在探测木卫二、木卫三和木卫四等卫星上是否有生命存在的迹象。如果"朱诺号"不小心撞到了这些卫星，便会"混淆视听"，扰乱科学家们在地球外的生命探测计划，特别是当"朱诺号"工作一段时间之后，遭受的辐射剂量逐渐积累，科学仪器也将一个接一个地丧失工作能力、失去控制，出错的概率大增。为了避免意料之外的事故发生，还不如让"朱诺号"完成任务后主动谢幕，自杀身亡。

　　因此，这便是"朱诺号"在第 37 个绕木周期的"工作任务"：计划在 2018 年 2 月 20 日飞船时间 11:39，"朱诺号"将用尽它的最后一点"力气"，将自己撞向木星，全身心投入木星的怀抱，粉身碎骨在木星的大气层中。

　　"朱诺号"的任务中还包括了对广义相对论的检验，下一篇中将介绍广义相对论在航天技术中的应用和验证。

第 22 节

广义相对论太空验证　探测引力波地面响应

2016 年 2 月 11 日，LIGO 向全世界宣布首次直接探测到了由两个黑洞的碰撞并合所产生的引力波，全世界的天文学家和物理学家们都为之振奋，认为这证实了 100 年前爱因斯坦广义相对论的最后一个预言。那么，广义相对论除此之外还有哪些预言呢？

广义相对论和牛顿万有引力都是关于引力的理论，万有引力定律人人皆知，真正了解广义相对论的就不多了。牛顿用物体之间的相互作用来描述引力，爱因斯坦则将引力解释为物质造成的时空弯曲。牛顿引力是一种"瞬时"传递的超距力，广义相对论则是基于"场"的观点，将引力解释为引力场和物质场之间的相互作用。场的传播需要时间，具有有限的速度，是一种"波"，也就是爱因斯坦预言的引力波。

可以认为，广义相对论是比牛顿引力论更普遍、更精确的理论，后者是前者在弱引力条件下的近似。在地球表面的重力范围内，虽然引力（重量）在我们的日常生活中无处不在，但我们却很难试验出两个理论之间的任何差别。探测到引力波的 LIGO 激光干涉设备是建造在地面上的，但这种花巨资建造的大型实验装置，全世界范围内也就寥寥可数的几个而已。如何才能更多地检验广义相对论正确与否呢？

　　茫茫太空中天体的质量比我们常见物体的质量大多了，计算和观测它们的运动，就能检验这两个理论的精确度，证实它们孰优孰劣。事实上，广义相对论的三大经典预言：光线弯曲、引力红移、水星进动，已经被无数天文观测结果所证实。航天技术发展之后，科学家们更是自然地将太空作为验证广义相对论的实验舞台。

1. 光线弯曲

　　广义相对论预言，远处恒星发射的光线经过太阳附近时，巨大的引力会使光线弯曲，因而使得恒星的视位置有所变化。第一次世界大战之后，爱丁顿率领观测队到西非观测 1919 年 5 月 29 日的日全食，拍摄了日全食时太阳附近的星星位置，证实了这一点，见图 22-1（a）。这是当时科学界的重大事件，是对广义相对论的第一个实验验证。

　　虽然爱丁顿当年测量的误差比较大，但后来，因为光线偏转而造成的引力

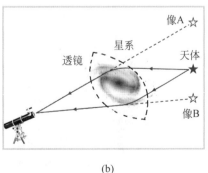

(a)　　　　　　　　　　(b)

图 22-1　日全食便于观察光线偏转（a）与引力透镜（b）

透镜现象（图 22-1（b））被多次观测到，所以光线在巨大天体附近的弯曲现象，是一个毫无争议的实验事实。

2. 引力红移

根据广义相对论，巨大引力场源发出的光线会发生红移，称之为引力红移。

图 22-2 直观地说明了什么是引力红移。地面上高楼底层的蓝光源发出蓝色的光，传播到顶层时，观察者看到的却是红光！上面的描述固然有所夸张，但如果实验中位于顶层的接收器的灵敏度足够高的话，便会发现接收到的底层光源的光谱谱线往红端移动了一点点。可以从能量的角度来理解引力红移现象，如图 22-2 所示，相对于底层而言，位于顶楼的质量为 m 的粒子具有引力势能 mgh，正比于高度 h。也就是说，位置越高引力势越大。光子虽然没有静止质量，但也能"感受"到地球的引力"势"场。光子传播到顶楼后比在底层具有更大的引力势能，这个势能从何而来呢？可以看成是从光子自身的能量转化而来。

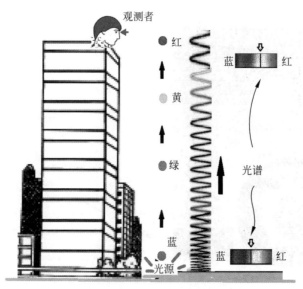

图 22-2　引力造成的光谱移动示意图

每个光子的能量 $E=hv$，v 是光子的频率。红光频率比蓝光频率低，因而能量更小，光子从底层传播到顶楼，红移损失的能量转换成了光子的引力势能。

实际上，造成引力红移的原因有两点，其一是与发射时光源所在处的引力场有关，这是因为光源所在处引力场的作用使得时间膨胀，发出的光波比之没有引力场时光波波长更长所致。红移的另一原因则与在空间的传播过程有关。是因为质量巨大的星体发射的光子在离开光源之后，受到其周围引力场的作用而产生的谱线位置变化。

刚才我们说到，验证广义相对论最方便的是利用太空中的天体，不过最早的引力红移现象倒真是由哈佛一个非常聪明的教授庞德（Pound）和他的学生于 1959 年在地面的实验室中观测到的 [23]。他们通过研究放射性铁 57，观测到了引力红移现象。

3. 进动

进动是日常生活及天体运动中常见的物理现象，比如在地上高速旋转的陀螺，如果同时受到对于支点的重力力矩作用时，其旋转轴便会绕着一个竖立的杆子转圈，形成一个圆锥形，这种现象就叫作进动，见图 22-3（a）。如果仔细观察陀螺的进动并作进一步分析，便能发现除了进动之外还有"章动"，即陀螺

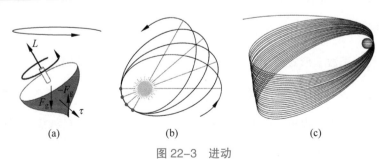

图 22-3　进动

（a）陀螺的进动；（b）水星近日点的进动；（c）"朱诺号"绕木星轨道的进动

轴一边转动还一边"点头"。天体运动中也有这些类似的现象，进动比章动更为基本和常见，是航天中经常要考虑的因素。天体运动产生进动的原因不一，需要具体情况具体分析。比如，在地球的运动中，由于太阳和月球施加的潮汐力而产生的缓慢进动，通常被称为岁差。

广义相对论的基本实验验证之一就是对水星近日点进动的计算（图22-3（b）），当时用牛顿定律计算的结果（每100年）有个多余的40″的近日点进动值。有人将其解释为水星附近还有颗我们不知道的天体。但是基于广义相对论的计算，却准确地算出了这个多余值，得到比用牛顿定律计算更精确的与观测数据相符合的结果。因此，要准确地描述天体的进动，需要用到广义相对论。

广义相对论的进动预言中包括介绍朱诺号时提到过的德西特进动与冷泽—提尔苓进动。德西特进动是中央质量存在所产生的影响，是因为中心天体引力场的时空曲率对处于其中的自转物体的运动所产生的影响，造成物体的自转轴沿测地线进动，因而也被称为测地线进动。冷泽—提尔苓进动[24]则是因为中央质量的旋转造成的，以冷泽和提尔苓两位奥地利物理学家命名。天体的高速自转对绕其转动的天体产生一种"参考系拖曳"效应，使其轨道产生进动。

4. 引力时间延迟

20世纪60年代，除了上述的3种经典天文观测方法之外，似乎难以找到别的实验方法来更进一步验证广义相对论。物理理论没有更多实验结果的支持，便会仅仅流于数学形式而被冷落和停滞不前。当年的费曼便因此而发出过"不再参加引力学术会议"的感叹。不过，这种情况在1964年得到了改变：哈佛大学天文学家夏皮罗提出，引力场应该造成光线传播时间减慢的效应，可以在天文观测中进行检验。

广义相对论用时空几何来描述引力场，所以有引力场的地方，不仅空间被弯曲，时间也要相应变化。光线经过大天体附近时，除了方向改变，飞行时间也将增加，造成信号延迟。因此，夏皮罗设想了一个观测实验：从地面上向金星表面发射雷达波并测量其往返时间。经过计算，由于太阳引力导致的雷达波往返时间的延迟将达到 200 ms 左右，是当时的技术条件可以探测到的。

夏皮罗效应于 1966 年被麻省理工学院的"草堆"雷达天线第一次证实，之后又多次被地面以及航天器的观测所重复，精度不断提高。比如，2003 年"卡西尼号"土星探测器的"引力时间延迟"实验的测量精度小于 0.002%，是精度颇高的广义相对论实验验证。

5. 引力时间膨胀和 GPS

引力时间膨胀首次由爱因斯坦于 1907 年提出，认为引力场会影响"时间"的流逝。实质上，该现象与上述的信号延迟及引力红移都相关联，只不过表现于时间的变化而已。它说的是，在不同引力势能的区域会导致时间以不同的速率度过，时空扭曲越大，时间就过得越慢。

证实这种效应最简单的方法就是把两个原子钟放在不同的高度来测量时间。

1976 年，NASA 的引力探测器 A 项目，利用火箭携带精密的原子钟到 10 000 km 高的太空，测量得到那里的时间比地表快（每 1010 s 快 4.5 s）。目前通信技术中经常使用的卫星信号传递、全球定位系统（global positioning system,GPS）卫星导航等，都是对这种时间变慢效应的最好验证。

GPS 是靠 24 颗卫星来定位的（图 22-4（a）），任何时候在地球上的任何地点至少能见到其中的 4 颗，地面站根据这 4 颗卫星发来信号的时间差异，便能准确地确定目标所在的位置。从 GPS 的工作原理可知，"钟"的准确度及互相同步是关键。因此，GPS 的卫星和地面站都使用极为准确（误差小于 $1/10^9$）的原子钟，见图 22-4。

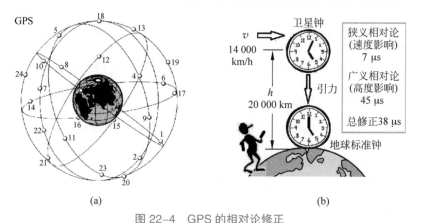

(a)

(b)

图 22-4 GPS 的相对论修正

（a）24 颗卫星的 GPS 系统；（b）GPS 卫星钟的相对论修正

但是，GPS 卫星上的原子钟和地球上的原子钟必须同步，否则便会影响定位的精度。根据狭义相对论，快速运动系统上的钟要走得更慢一些(双生子佯谬)，卫星绕着地球旋转，它的线速度大概为每小时 14 000 km。如图 22-4（b）所示，速度产生的狭义相对论效应将使得卫星上的钟比地球上的钟每天慢 7 μs。因为卫星的高度而产生的引力时间膨胀（广义相对论）效应，将使得卫星上的钟比地球上的钟每天快 45 μs。两个相对论的作用加起来，便使得卫星上的钟比地球上的钟每天快 38 μs。

38 μs 好像很小，但是比较起原子钟的精度来说，则是相当的大。原子钟每天的误差不超过 10 ns，而 38 μs 等于 38 000 ns，是原子钟误差的 3800 倍。

关键问题是，38 μs 的差别将引起导航定位系统定位误差的累积，使得 GPS 系统开始还好用，但误差会越来越大。所以，GPS 系统必须考虑相对论的影响，及时进行相应的修正。

6. 引力探测器 B

综上所述，广义相对论并不乏精确的实验验证。但对于基础理论，科学家们是非常谨慎的。虽然已经有不少天文观测和实验都验证了爱因斯坦的理论，但是要证明它是这些现象"非它莫属"的唯一解释，还需要更多的证据，越多越好。况且，物理学家们总是希望能充分利用现代航天技术帮助检验这个理论的正确性。因此，专家们从 20 世纪 60 年代就开始策划发射一个专门的探测器（后称为"引力探测器 B"）来检测地球重力对周围时空的影响。

引力探测器 B 的基本构思是利用陀螺仪来探测广义相对论预言的两种进动效应：测地线效应和参考系拖曳（也就是之前提到的德西特进动和冷泽—提尔苓进动）。

测地线效应指的是由于地球附近时空弯曲，使得陀螺的转轴按照测地线产生进动的现象。在牛顿的平坦时空模型中，引力探测器围绕地球旋转时，陀螺仪的小指针会永远指向同一个方向，指示的方向应该和开始时的方向完全一致，如图 22-5（a）所示。但在广义相对论中，由于地球对周围时空的扭曲，探测器绕轨道一周后，陀螺仪指针会倾斜一个极其微小的角度，如图 22-5（b）所示。

大质量天体会引起周围时空的弯曲，如果这个大天体自身在旋转（比如地球的自转），便会带动周围弯曲的时空也一起旋转。这种现象类似于水流在下水

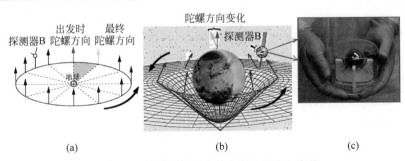

图 22-5　地球附近时空弯曲使陀螺方向变化

（a）牛顿平坦时空；（b）地球引力场的弯曲时空；（c）"乒乓球"陀螺仪

口形成的漩涡，也可以想象把一个旋转的皮球浸入蜂蜜中的情形，皮球如果旋转，蜂蜜将被皮球"拖曳"着旋转。不过，地球自转时拖曳的不是蜂蜜，而是周围的时空参考系，如图 22-6（b）所示。被"带动"旋转的时空参考系会对在其中运动的陀螺产生影响，因为这种原因而产生的陀螺进动现象被称为"参考系拖曳"。

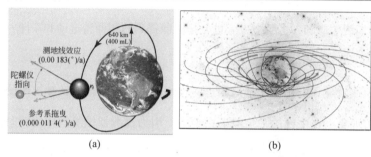

图 22-6　测量"测地线效应"和"参考系拖曳"

（a）引力探测器 B；（b）地球自转引起的参考系拖曳

引力探测器绕地一圈之后，测量到陀螺仪方向的总变化是两种效应之合成，比如在图 22-6（a）中，用陀螺仪南北方向的倾斜量表示测地线效应，东西的倾斜量表示参考系拖曳效应。

引力探测器 B 从开始构思到 2004 年正式升空，拖了 40 多年，其耗资达 7.5 亿美元。其中牵扯进了很多关于科学与政治的争论。在技术上来说，测量"进动"的原理简单，但对陀螺仪灵敏度的要求却非常高。

因此，在引力探测计划被拖延的时间内，人们用了近 50 年，开发出了最灵敏的陀螺仪技术来探测极其微弱的引力效应。物理学家终于在 2005 年的新闻发布会上宣布："漂浮在太空中的 4 颗乒乓球"证实了爱因斯坦广义相对论的两项重要预测[25]。

这"4 颗乒乓球"便是安置在探测器 B 上面的 4 个陀螺仪。每一个都如乒乓球一般大小，它们随同探测器 B 一起，在极轨道上围绕地球运行了 17 个月。这些陀螺仪是用熔凝石英球制成的，是"最接近完美球体的人造物体"，因为它和一个完美球体相比在尺度上的差别不超过 40 个原子的厚度。球体由软金属铌覆盖，被冷却到液氦温度。这些高标准使得这 4 个"乒乓球"陀螺仪的稳定性达到当时最好的导航陀螺仪的 100 万倍。图 22-5（c）显示了一个放大的"乒乓球"陀螺仪。

"测地线效应"和"参考系拖曳"都是很微弱的效应，引力探测器 B 上的陀螺仪的指针方向在一年内仅移动了 6.6″（1°=3600″），这个微小的角度大概相当于你在 100 多米之外观察一根头发所对应的角度。陀螺仪偏转角的主要贡献是来自于测地线效应，因为它是拖曳效应的 170 倍。因此，科学家们最后确定引力探测器 B 对测地线效应测量的精度达到了 0.28%，但对惯性系拖曳效应的精度只有 20%。

引力探测器 B 直到 2010—2011 年公布了最后一批研究结果并被除役，但它仍旧默默无声地移动在它的 642 km 极轨道上。对参考系拖曳效应进一步检验的任务落到环绕木星的"朱诺号"身上。

7. 引力波和黑洞

美国的 LIGO 在 2015 年测量到引力波，不仅是对广义相对论的验证，而且对物理、天文等基础科学意义非凡。首先，这意味着科学家们可以通过它来进一步探测和理解宇宙中的物理演化过程，为恒星、星系乃至宇宙自身现有的演化模型提供新的证据，也提供了一个更为牢靠的基础。其二，过去的天文学基本上是使用光作为探测手段，而现在观测到了引力波，便多了一种探测方法，也许由此能开启一门引力波天文学。

LIGO 探测到的引力波波源，是遥远宇宙空间之外的双黑洞系统。其中一个黑洞质量是太阳的 36 倍，另一个质量是太阳的 29 倍，两者碰撞并合成一个 62 倍太阳质量的黑洞。36+29=65，而非 62，还有 3 个太阳质量的物质到哪儿去了呢？这正是我们能够探测到引力波的基础。相当于 3 个太阳质量的物质转化成了巨大的能量释放到太空中。正因为有如此巨大的能量辐射，才使远离这两个黑洞的小小地球上的人类探测到了碰撞融合过程中传来的已经变得很微弱的引力波。

因为波源是第一次发现的两个黑洞，探测到引力波也再一次确认了这两个黑洞是宇宙空间中的真实存在。黑洞也是广义相对论的预言之一，并且黑洞物理与量子理论密切相关，引力波的探测结果以及今后朝这个方向的进一步研究，将有助于深化对黑洞物理性质的认识。对两个黑洞碰撞融合过程的研究，也必定会得到大量有用的信息。对黑洞的这 3 个方向的深入研究，也许能促成量子理论与引力理论的统一，对基础物理学的研究意义将十分重大，有着里程碑的作用，更多关于引力波和黑洞的介绍，请见参考文献【26, 27】。

第23节
潮汐锁定共振曲　混沌自转土卫七

人类最早的航天活动开始于对月球的探测。这是理所当然的，因为月亮是离地球最近的天体。在这里，我们将简要地回顾这段重要的历史。

说句笑话，月球女神像是喝多了酒，但还能基本保持平衡，不过有点摇摇摆摆，让地球人钻空子多看了几眼（背面）而已。太阳系的卫星中倒是真有一颗喝醉了酒的醉汉，连基本的平衡都不能保持，那就是土星的第七个卫星：土卫七。它也是被土星拉着趋向同步自转的，但因为它的轨道偏心率比较大，形状不规则，体积又小，造成它的自旋周期是混沌无规的。因此，土卫七一边公转一边大幅度地摇摆，土星没法将它同步锁定。这个卫星不是月球那种"淑女"，它在摇头晃脑的过程中，将其全身暴露无遗，完全展现在土星面前。

前面介绍了月亮和地球的"潮汐锁定"。引力对于"非质点"物体的"潮汐"效应使得月球永远只将它的一面示于地球，这是月亮自转、公转周期以1∶1锁定的结果。在太阳系的行星及卫星中，类似的锁定例子非常多，并且，锁定的比例也不见得一定是1∶1，可能是3∶2、4∶3……或许是其他整数比。还有可能是好几个"锁定"的合成效应，那时需要将多个整数比值相加。因为宇宙（太阳系）是一个多体系统，只是在一定的情况下，才用二体（或三体）模型来近似，得以方便研究它们而已。牛顿引力的"二体（质点）问题"，有很漂亮的、轨道为解析圆锥曲线的精确解。然而，对三体系统，即使将3个天体全当作质点，大多数时候也带给我们难以解决的数学问题，见下文的"庞加莱三体问题"。如果再将天体看成有形状、大小，会自转的刚体，便更为复杂了。但这种复杂性却为我们展示了非常有趣的运动图景，其中之一便是此篇将介绍的"混沌自转"。

1. 什么是混沌

首先简要介绍什么是混沌。

科学界使用"混沌"一词，描述非线性动力学系统的"不可预测性"。这种不可预测导致了某些看起来"乱七八糟"无规律的行为。按照20世纪之前人们理解的经典牛顿力学，宇宙似乎可以被想象成一个巨大的机器，是有序、规则、可预测的。只要初始条件给定了，所有天体将来的运动都完全可知和可预测。但之后的深入研究表明，在很多情况下，初始条件的些微改变，将造成完全不同的结果，即"差之毫厘，谬以千里"。这个领域的开创人是美国科学家爱德华·洛伦茨（1917—2008），他在气象研究中发现了混沌现象，发现气象预报对初始条件的无比敏感性。如何直观地解释这种敏感性？好比是美国纽约的一只蝴蝶扇了扇翅膀，就可能在大气中引发一系列的连锁事件，从而导致之后的某一天，中国上海将出现一场暴风雨！因此，后来人们也将混沌称为"蝴蝶效应"[28]。

蝴蝶效应打破了人们精确预测未来的幻想，也更为正确地解释了自然现象。正如美国历史学家亨利·亚当斯所说："混沌是常态，次序只是人们美好的愿望。"他所说"混沌"一词的意义有所不同。但是，洛伦茨所发现的混沌现象，在科学及人文界的例子屡见不鲜。比如说，生态学家罗伯特·梅在研究昆虫繁衍的"虫口"（类似人口）问题时发现混沌理论中的分岔现象；金融家们在分析股票市场数据时也发现混沌现象；研究互联网及社交网络的大数据，也能找到混沌。此外，我们每个人的心跳节律及脑电波等，都能看到混沌的踪影。

甚为有趣的是，医学研究者们原来以为"混沌"的心律也许与心脏病态有关，但后来却发现，健康成人的心率曲线是凹凸不平的不规则形状，貌似混沌。而癫痫患者和帕金森病患者的心率曲线反而呈现更多的规则性和周期性行为，表现得更有规律，如图 23-1 所示。

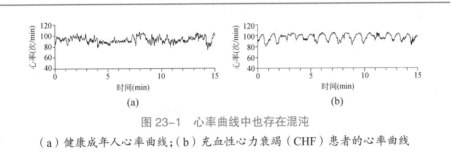

图 23-1　心率曲线中也存在混沌

（a）健康成年人心率曲线；（b）充血性心力衰竭（CHF）患者的心率曲线

2. 庞加莱三体问题

昂利·庞加莱（Henn Poincare，1854—1912）被公认是 19 世纪末和 20 世纪初的领袖数学家，他从三体运动开始最早研究了与天文有关的混沌现象。

庞加莱试图定性地研究包括小尘埃和两个大星球的"限制性三体问题"。也就是说，小尘埃的质量大大小于大星体的质量。这种情形下，两个大星球的二体问题可以首先精确求解，大星球 1 和 2 相对作椭圆运动。庞加莱需要定性描述的只是小尘埃在大星球 1 和大星球 2 的重力吸引下的运动轨迹，但如图 23-2（b）的曲线所示，一定的情况下，小尘埃的轨道可能是"混沌"的。

3. 单摆和双摆

单摆是大家熟悉的，如果摆动幅度很小的话，是简单、确定、可预测的简谐运动。

如图 23-3（a）所示的单摆，当角度很小时，摆动频率是单一的，可以看成

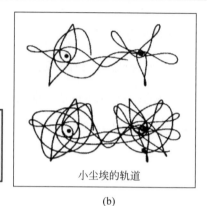

小尘埃的轨道

(a)

(b)

图 23-2　限制性三体问题

是仅由摆长决定的简谐运动，相图是一个规则的椭圆（图 23-3（b））。但是在有外力的一定条件下，摆动幅度逐渐增大，新的频率分量将不断出现，有时还会产生转动模式，其振动及转动的次数、位置、方向，看起来越来越貌似随机和不确定，最后会过渡到图 23-3（c）所示的混沌状态。

将一根单摆连接在另一个单摆的尾部所构成的系统叫作双摆。双摆构造简单却很容易观察到复杂的混沌行为，见图 23-4。

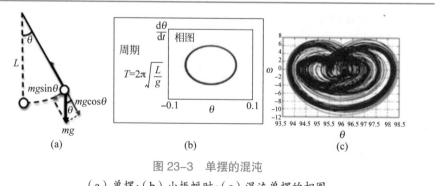

(a)　　　　　　(b)　　　　　　(c)

图 23-3　单摆的混沌

（a）单摆；（b）小振幅时；（c）混沌单摆的相图

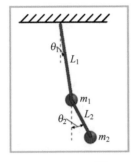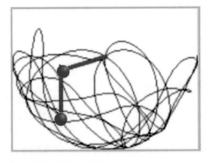

图 23-4　双摆的混沌运动轨迹

4. 三生混沌

在对混沌理论做出关键贡献的学者中，有一位华人科学家李天岩。他出生于福建沙县，3 岁时随父母到台湾，大学毕业后到美国攻读博士学位，后来一直在美国密歇根州立大学（Michigan State University）数学系任教。李天岩定居美国后数十年，长时期与病魔做斗争，历经洗肾、换肾、心血管手术等十余次治疗。但意志力惊人的他，长年累月在病床上坚持研究工作，在应用数学与计算数学中做出了不少开创性的贡献[29]。

李天岩和他当年的博士论文指导教授詹姆斯·A. 约克（James A. Yorke），在研究洛伦茨的"气象混沌"工作时，以数学家的敏锐直觉，猜测混沌现象的产生与周期 3 有关，为混沌行为建立了数学基础。

周期 3 是什么意思呢？可以用一个直观但也许不十分恰当的比喻来解释：几个周期就是几个人传球，周期 1 时只有 1 个人，丢来丢去还是丢在 1 个人手上；周期 2 就是两个人传来传去；周期 3 就是 3 个人，周期 4 就是 4 个人了。周期 1 和周期 2 的结果是简单而可预测的，到了 3 以上，传球的方式增加到很多种，就开始有产生混沌的可能性。

李天岩和约克为混沌取名的文章"周期3即混沌"，使人联想到老子的名言："一生二，二生三，三生万物。"庞加莱研究的三体问题也有个"3"。看来，于混沌而言，3的确是一个关键的数目！

5. 土卫七的混沌自转

土星和木星类似，是一个由诸多卫星组成的大家庭，这个家庭是太阳系中最丰富多彩的。它已经确认的卫星有62颗，其中有7颗质量较大且呈球形，看起来更像"卫星"。而其余的大多数卫星奇形怪状，因为它们质量都太小，尚不能靠自身的引力平衡而形成球形，看起来像是许多在土星的天空中游荡的小石头。其中有一颗与混沌现象有关的"小石头"是土卫七（Hyperion），见图23-5（a）。除此之外，看起来美丽的土星环中还有难以计数的"小小石头"卫星。

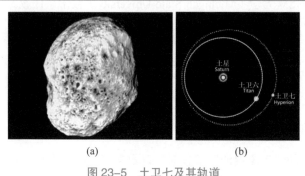

(a)   (b)

图 23-5　土卫七及其轨道

（a）土卫七；（b）土卫七的轨道

图23-5（b）中所画的是土卫六和土卫七围绕土星运动轨道的示意图，其中的3个天体大小比例远不是真实情况的比例。就质量而言，土星相当于95倍地球质量，土卫六只有0.0225倍地球质量，大约只有土星质量的2/10 000，而"小石头"土卫七的质量，还不到土卫六质量的1/10 000，见图23-6。

别看土卫六质量只有土星的2/10 000，它可是土星卫星中的"老大哥"，完全有资格瞧不起其他所有的"弟弟"，因为土卫六的质量占了所有环绕土星物体总质量的 96%。即使在整个太阳系的卫星中，土卫六的大小也只是仅次于木卫三，屈居老二。不过，土卫六的旁边带了一个颇有特色的"小弟弟"，那就是土卫七。

土卫七是土卫六最邻近的卫星，轨道比土卫六稍大。土卫七粗看起来像个土豆，长度大约 360 km，直径 270 km，是太阳系中最大的非球体天体之一。虽然土卫七有一个漂亮的中文名字"海碧尔琳"，但不久前"卡西尼探测器"飞过时，将它"细"看了一下，发现它有一张恐怖的"麻脸"，原来在土卫七上布满了大大小小的小天体撞击后的陨石坑。也有人将土卫七的这种多孔外观与"海绵"比较，称其为"海绵卫星"。

不过，土卫七最令人感兴趣的是它的混沌旋转。这是什么意思呢？就是将我们刚才介绍的"混沌"概念用在土卫七的自转轴和自转速度（周期）上。也就是说，它的旋转周期和方向都在不停地貌似随机地改变着，无法预测。

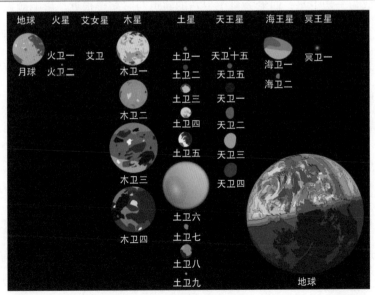

图 23-6　太阳系各行星的主要卫星大小比较图（图片来源：维基百科）

众所周知，我们地球自转的周期是 24 h 左右，自转轴方向基本固定，与公转平面保持 66°34' 左右的斜度。地球自转转轴和周期也会变化，但非常缓慢，好些年才偏离一点点。所以，我们每天早上看见太阳从东边升起，下午从西边落下，昼夜规则地交替循环，人体的生物钟也就跟着运转。但是，如果有几个宇航员登陆到土卫七上面去生活一段时间，那他们可就惨了。看见太阳下山之后，不知道它什么时候会再升起来？也许一小时，也许几小时，也许几十小时？都说不准。也不知道太阳会从哪个方向出来？哪个方向落下？也似乎无规可循。因此，天体的混沌自转，对天体上的生物而言，就是昼夜交替的混沌。

土卫七的自转为什么会呈现混沌状态呢？细节原因还有待专家们深入研究，但从混沌现象的一般规律来说，应该与系统的参数太多有关，非线性微分方程的参数越多产生混沌现象的可能性越大。如果将土卫七看成一个点质量的话，运动算是一个三体问题。这三体就是土星、土卫六及土卫七。土星的引力束缚使土卫七成为一颗卫星，而老大哥土卫六的轨道与它靠得很近，影响颇大。两个大天体，一个小天体，有点类似于前面例子中的"庞加莱三体问题"，但庞加莱问题中表现混沌的是轨道，土卫七的混沌表现在它的自转特性，更有可能与其不规则形状有关。

也可以将土卫七的混沌转动与双摆的例子类比：土星及土卫六对土卫七的强大引力，就像双摆中的两根"杆子"。杆子的转角也是混沌的。

土卫六的存在也影响到土卫七的公转轨道（虽然没有混沌）。一是使得它的轨道具有较大的偏心率，见图 23-5（b）；二是使两者的轨道产生共振，如图 23-7（b）所示。从"卡西尼探测器"传回的数据证实，土卫六与土卫七有 4 : 3 的轨道共振。也就是说，土卫六（周期 16 天）绕土星每转 4 圈，土卫七（周期 21.3 天）刚好绕土星转了 3 圈。

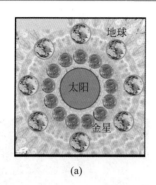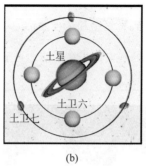

(a)　　　　　　　(b)

图 23-7　轨道共振

（a）地球和金星轨道共振 8 ： 13 ；（b）土卫六与土卫七轨道共振 4 ： 3

图 23-7（a）显示出一个太阳系中行星轨道共振的例子：地球和金星的绕日轨道共振为 8 ： 13。

我们再回到土卫七的自转混沌。对太阳系中天体的观测发现，如果一个天体偏离球形比较大，即使自转已经被中心天体锁定，它仍然会产生比较大的摇摆，一边转一边摆。就像一个形状不对称的陀螺，高速旋转时也免不了摆动。土卫七与土星的距离比较远，轨道的偏心率大，自身形状不规则，又受到旁边的土卫六的强烈影响。多个因素产生许多不同的共振频率并互相叠加，结果造成了它的混沌自转。

很多不规则的天体都可能有这种混沌运动，不过观测的资料有限，目前观测到的自转混沌，除了土卫七之外，还有冥王星的几颗小卫星，如图 23-8 所示。

卡戎的质量比较大，和冥王星一起被认为形成一个"双星系统"，这两个矮行星影响到周围的两颗（或几颗）小卫星，使它们大跳"混沌之舞"。

比如冥卫二与冥卫三，它们体积较小且形态不规则。这两颗小卫星是在"新视野号"升空之前由哈勃空间望远镜发现的。"新视野号"第一次辨认出了它们的轮廓和大型地貌。冥卫二长度只有 42 km，宽度 36 km；冥卫三长 55 km、宽 40 km。它们受到冥王星和卡戎复杂的双星引力场的影响，加之自身形状不规则，"新视野号"观测到它们正在混沌地翻滚着，自转轴方向和自转周期都不确定[30]。

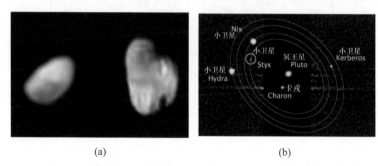

图 23-8 冥王星和卡戎（冥卫一）及小行星（图片来源：NASA）

（a）小卫星的混沌自转；（b）冥王星—卡戎系统

"惠更斯"登上泰坦　"卡西尼"智探土星

太阳系中，土星是唯一有混沌转动卫星的行星。谁对土星最了解呢？是探测土星 12 年的"卡西尼—惠更斯号"，我们将在这一部分中介绍它。

1. 土星探测："卡西尼—惠更斯号"

物理学家惠更斯的名字大家听得多了，流传最广的应该是光学中的惠更斯原理，将波动的传播过程，诸如反射、折射、衍射等，用次波的包络来进行分析和解释，简洁又明了，直观而形象。实际上，荷兰物理学家克里斯蒂安·惠更斯（Christiaan Huygens，1629—1695）在天文观察中也有不少重要的发现，特别是，他用自制望远镜对土星的观测功劳不小：他发现了土星最大的卫星土卫六（泰坦），以及继伽利略发现土星有"耳朵"之后，第一次正确地用"圆盘形状"来描述这个独特而美丽的光环。

法国天文学家多美尼科·卡西尼（Domenico Cassini，1625—1712）是另一位勤于观察土星的天文学家。他对木星也有研究，与胡克同时第一次观察到木星表面的大红斑。他还发现了木星赤道旋转得比两极快，这是一种后来被称为"较差自转"的现象。对土星而言，卡西尼发现了土星 4 个较大的卫星，还将土星光环看得比惠更斯更清楚，发现不仅仅是个"圆盘"，盘中还有一条暗缝，后人以他的名字命名这条缝为"卡西尼缝"。

也许是因为天文学和物理学偏重的方向毕竟有所差别，使得卡西尼和惠更斯的物理思想表现迥异。惠更斯首先是一名物理学家，从学习数学到研究光学，再到发明望远镜并用于观察天象而有所收获，他与稍后的牛顿和莱布尼茨都有交往。卡西尼在物理思想上却是少见地保守，他不接受哥白尼的日心说，也反对开普勒定律及牛顿的万有引力定律。

2. 宏伟的探测计划

卡西尼和惠更斯是同时代的人物，生前互相认识但不见得有密切的交往，几百年之后的科学家们却将他们"绑在一起"组成了一个"卡西尼—惠更斯号"（图24-1（b））[31]，开启了野心勃勃的土星探测计划。

对地球人来说，土星从来就颇具神秘感：和木星类似，离地球远远的，是一个由众多天然卫星组成的大家庭。但木星好像比较活泼，土星却像一个宁静美丽、"环带"绕身的女神，漂浮在比木星更为遥远的天际。

月球探索的成功使人类雄心勃勃，接着便是向太阳系的其他行星进军。因此，除了让"水手号""海盗号""先驱者号"前仆后继地奔赴火星之外，又有"伽

(a)　　　　　　　(b)　　　　　　　(c)

图 24-1 "卡西尼—惠更斯号"土星探测器
（a）卡西尼；（b）"卡西尼—惠更斯号"；（c）惠更斯

利略号"驻扎绕行于木星附近。土星呢，人类当然不会忘记这个"腰缠"绚丽光环的美丽女神，经常会派几个过客去拜访拜访她。

土星类似于木星，没有固体表面可以供探测器登陆。土星上厚厚的大气层，又妨碍用望远镜从地球上仔细观察它的表面形态。对这个距离地球大约比木星还远 1 倍的神秘天体，科学家们也知之不多，充满了困惑和疑问：土星环由何物构成？云层下面是个什么模样？有生命存在的可能性吗？

1979 年 9 月，"先驱者 11 号"飞越土星时第一次拍摄到几张它表面的照片，发现了土星环中的 F 环（最细的）。如今飞离地球最远的"旅行者 1 号"，也曾经于 1980 年 11 月造访土星并借助其引力而为自己"加油"来获取能量。它拍到了土星上一个令人迷惑的景象：北极地区的六边形。第二年，"旅行者 2 号"也经过了土星。

"先驱者号"和"旅行者号"都不以土星为主要探索目标，这些"顺访者"行色匆匆，来有影去无踪。但它们从土星得到的信息却给予人们更多的疑问，也大大激发了科学家们对土星大家庭的兴趣，极力要弄清这片神秘而辽阔的区域。

1997 年，"卡西尼—惠更斯号"土星探测器从美国佛罗里达州升空，这是人类迄今为止发射的规模最大、复杂程度最高的行星探测器，多国合作，耗资巨大，设计 10 年，计划周密。升空之后走过了 7 年的漫漫长途，绕过金星、地球和木星，获得多次"引力助推"，方才于 2004 年 7 月到达土星周围。

"卡西尼—惠更斯号"外形庞大，携带了十几台科学仪器，加上燃料总质量超过 5700 kg，即使当时推力最大的火箭，也无法使其加速到能够直飞土星。如果考虑靠携带更多的燃料沿途加速实现 7 年内抵达火星的办法，仅仅燃料就得 70 t，那样就更找不出火箭来推它上天了！这一次，自然又是行星间的"引力助推"为我们解决了问题，图 24-2 显示了科学家们为这个 5700 kg 的庞然大物设

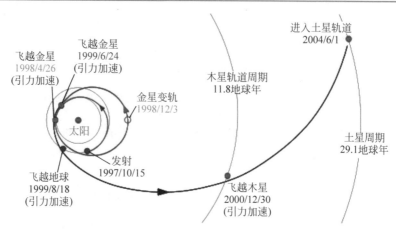

图24-2 "卡西尼—惠更斯号"土星探测器飞向土星的轨道（图片来源：NASA）

计的"智慧轨道"，整个轨道利用了4次引力助推来加速航天器。

这个探测计划由两部分组成：一旦到达土星轨道范围之后，"惠更斯号"探测器便与主轨道器"卡西尼号"分离，轨道器环绕土星及其卫星连续不断地绕圈，"惠更斯号"则冲向它感兴趣的土卫六，见图24-3。

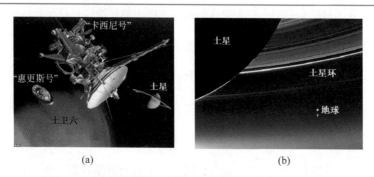

(a)	(b)

图24-3 "惠更斯号"和"卡西尼号"（图片来源：NASA）

（a）"惠更斯号"与"卡西尼号"分离；（b）"卡西尼号"在土星光环附近"回望"地球

3. 泰坦：早期地球

为什么选中土卫六泰坦呢？不仅仅因为土卫六最大，还因为早期的探测（早到 1943 年）发现土卫六拥有浓厚的大气层，在"旅行者 1 号"接近土卫六的过程中又证实了可见光难以穿过它的大气层。那么，土卫六大气层的成分到底如何？与地球大气层有何异同？云层下面有着怎样的地貌？是否覆盖着液态物质？有无产生生命的条件？要回答这些谜中之谜，看来有必要派一个探测器"钻进"土卫六的大气层中，当然最好还能降落在它的表面上。虽然土星是个无法"登陆"的气体巨星球，但土卫六应该是可以登上去的。惠更斯在 1655 年发现了土星这颗最大的卫星，350 年过去了，对它怎么能仍然一无所知呢？所以，让机器人"惠更斯"去一探究竟，完成这个光荣的使命吧！

2004 年底，"卡西尼号"对准土卫六，抛出了一个圆圆的飞碟——"惠更斯号"探测器。虽然"惠更斯号"专为登陆土星六而研制，有隔热板保护，使其免遭大气层的高温损伤，但却很难保证一定能"安全"着陆到一个未知世界。不过，"惠更斯号"不负众望，一个多月后，它进入土卫六大气层，成功地在土卫六上实现了软着陆，成为第一艘在太阳系较外侧天体上着陆的人造飞船。

"惠更斯号"的降落过程长达 2 h 27 min，如果土卫六上有高等生物的话，他们能看到一幅从未见过的有趣景象：远远的天边飞来一个碟状物！接着，大概到了地表上方 170 km 左右，它撑开了一把降落伞，看起来慢慢地、悠闲自在地，一边在橘黄色雾霾的天空中飘移，一边忙于拍照。它用 6 台科学仪器不断地测试，包括测量周围的风速及压力，分析土卫六大气层气体，并将得到的数据发回给它的"朋友""卡西尼号"，图 24-4 是艺术家画的"惠更斯号"登陆土卫六时的想象图。

"惠更斯号"慢慢下降到了低于 50 km 的高度了，突然，探测器上发出一道白光，照亮了原来暗红色的地表，这是"惠更斯号"的地表照相机及测量仪器要开始工作了！它们将拍摄土卫六表面的照片，测量表面附近的温度、气压，

图 24-4 "惠更斯号"着陆土卫六

对表面的物质进行光谱分析等，最后，"惠更斯号"以每秒只有数米的轻缓速度，软软地着"陆"。周围并不是希望中的海洋，它有气无力地躺倒在土卫六一片"坑坑洼洼"遍布鹅卵石的泥滩表面上。

工作还没完，"惠更斯号"赶紧与主航行器联系，进行了 10 min 左右的通话之后，它在土卫六上大约总共"存活"了 90 min，最后终因电池耗尽而"牺牲"了。

不过，接下去的十几年里，"卡西尼"主探测器陆续传回来有关土卫六的资料，它的红外相机向我们展现出土卫六表面朦胧的景色，它的能穿透烟雾的雷达则提供了更清晰的图像，它的离子和中子质谱仪发现了土卫六上有复杂的碳氢化合物——一种有机物的踪迹。

科学家们认为土卫六与生命出现之前的地球十分相似。它有河流、湖泊、海洋、降雨和风暴，不过这一切并非如地球上那样因为水的循环造成，却是"甲烷循环"的结果。也就是说，貌似地球气象的土卫六上，下的是"甲烷雨"，涨的是"甲烷潮"。土卫六大气成分有与地球大气类似之处：主要是氮气。但是土卫六大气中没有氧气，第二多的成分便是甲烷，但这正好符合科学家们预言的地球早期生命演化过程中的情形。因此，对土卫六的探测和研究，将有助于揭示地球生命诞生之谜。

"卡西尼号"还发现，在这颗被浓雾环绕的卫星的厚厚冰壳之下，拥有一个晃动着的全球性海洋。从土卫六表面拍摄到流动着的液态沟渠，造成的陡峭峡谷颇似美国亚利桑那州沿科罗拉多河一带的风光。土卫六拥有许多与地球相似的地质过程。这些过程产生了甲烷雨，它们冲刷出河道，形成了湖泊和海洋，其中积蓄着液态的甲烷和乙烷。

4. 土卫五、土卫八和土卫二

"卡西尼号"对土卫五（图 24-5（b））有两个惊人的发现：一是它的大气的主要成分是氧气和二氧化碳，两者的比例约为 5∶2。与地球相比，土卫五的大气非常稀薄，但无论如何，这是首次在地球以外的星球上发现存在以氧气为主的大气。对土卫五的第二个有趣的发现是它拥有一个稀薄的环带（丽亚环），由3 条密度较高的细环带构成，这也是人类首次在星系的卫星中发现卫星环带系统，但丽亚环非常稀薄，尚未从照片影像证实。

土卫八是卫星中最别致的一颗，几百年前被人类发现的时候，卡西尼就观察到它总是一半黑、一半亮，长着一张"阴阳脸"。这个事实如今被"卡西尼号"多次的近距离观察所证实。科学家解释阴阳脸的形成原因是因为陨石撞击形成的温差在演化过程中热效应正反馈的原因。此外，"卡西尼号"还发现土卫八中间赤道附近有一条神奇的分界线，见图 24-5（a）。

土卫二是诸多土星卫星中重要的探测目标之一，原因是发现其上存在液态水，这是生命最需要的基本元素之一。人类飞向太空总是暗藏一个"移民"的潜在目的，水星和金星离太阳太近，温度高，显然不是一个合适的居住之地。火星

图24-5 "卡西尼号"拍摄的土星卫星（图片来源：NASA）
（a）土卫八的"阴阳脸"和赤道脊；（b）土卫五；（c）土卫二喷流中含液态水

及类木行星的几个卫星，成为可能的候选者。因此，每当太空探索中发现与生命相关之事，都会引起人们一阵激动。在土卫二上发现巨型冰喷泉后，设计者对"卡西尼号"的探测计划进行了彻底地重新规划，以便它能够将"喷泉"看个清楚。"卡西尼号"之后发现，土卫二的地下可能有全球性海洋存在。2014年4月3日，NASA的科学家宣布土卫二南极地底存在液态水海洋，使土卫二成为太阳系有可能存在生物的星球之一。如今，"卡西尼号"还剩一年左右的寿命，也许还将给我们带来意外之喜，让我们拭目以待。

5. 神秘的土星北极六边形

土星以神奇的光环著称。"旅行者号"又发现它有另一个非常鲜明的特点。在土星的北极，存在一个超级风暴圈。"卡西尼号"探测器传回的图像显示了这个风暴的诡异之处——这个超级风暴与地球的圆形风暴不同，呈现的是六边形（图24-6）。

这是一个名副其实的巨大超级风暴，六边形的直径比地球直径的3倍还大，一股气流沿着六边形的边缘快速流动。风暴中心是旋涡形成的吓人的"风眼"，比地球上风暴的风眼要大50倍。并且，地球上的风暴只持续一周或十几天左右，而

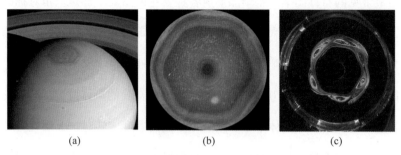

(a)　　　　　　　　　(b)　　　　　　　　　(c)

图 24-6　土星北极的六边形旋涡（图片来源：NASA）

（a）"旅行者号"拍到的土星北极六边形旋涡；（b）2013 年"卡西尼号"拍到的近距离彩色影像；（c）流体力学实验中的模拟

土星上的这个北极风暴从发现至今已经存在几十年了，或许它已经存在了几百年或更久，无人知道。

这个六角形云可以随土星的自转一同旋转。在环绕北极的风暴中，还伴随着旋转方向与六边形云带相反的小型旋涡。另外，土星南极也有风暴和风眼，但却没有六边形。物理学家们感兴趣的是这个奇怪的六边形风暴是如何形成的？为什么会如此稳定？为什么只在北极才有六边形？对此人们提出多种解释，但至今仍无定论。

有人认为六边形云的稳定性可能与土星缺乏固体地形有关，地球上的风暴在遭遇地貌产生的摩擦后会被打乱，而土星实际上是一个庞大的气体球，所以风暴形态不容易变化。

六边形的形成则可以用流体运动的规律以及湍流理论来解释（图 24-6（c））。不过，如何正确描述湍流的性质，至今仍然是物理学中的一个重大难题。地球南极的臭氧空洞也呈现六边形形状，因此也有科学家将土星北极的六边形与此联想起来。

其实，旋涡流体形成多边形图案也是大自然中常见的现象。六边形更是自然界中最常见的对称图案，水结晶形成各种雪花的图案不都是六角对称的吗？不过，出现在土星这样巨大的天体上，还如此稳定的图像，仍然令人吃惊，总得有个合理的模型来解释吧！因此，牛津大学等处的科学家们使用旋转圆形汽缸模拟土星大气环境[32]，观察是否能制造出这种奇异的流体模型，结果发现随着自转速率的提高，当液体中心和周边以不同的速度旋转时，上层气流形成了多边形模样，其中最常见的是六边，但也形成了从三边到八边的其他图案，并在具有不同速度的两个不同的旋转流体之间形成湍流区域。这些实验说明土星北极的六边形风暴与土星的自转速率存在关系。

"卡西尼号"长达 12 年的探测过程中，当然不会忘记研究土星最迷人的神秘光环。它发现土星环远远不是文人骚客们想象和描述的那么温柔安详，而是一个充满了变化和动态的世界。

木星周围伴侣多　土星腰间环带美

当伽利略第一次把自制的望远镜指向天空时，该是如何地激动。我们现代人可能很难体会他当时的心境。的确很了不起，作为人类的普通一员，能够第一次欣赏到这么多的"地球之外"的美丽，足够引为自傲了！

1612 年的伽利略很生气，因为他从两年前就一直观察到的土星的"两只耳朵"突然消失不见了！这个倒霉的事件甚至使他在这一年宣布说"放弃"对土星的观测，将他的望远镜指向了别的星球。但公开宣称的"放弃"并不等于绝对不看，科学家的好奇心毕竟强过自尊心，况且，伽利略在潜意识中坚信土星的那两只耳朵一定会再回来的，所以经常还是要偷偷地往那个方向"瞄上一眼"。果然不出伽利略所料，1616 年，"耳朵"又回来了，是什么原因呢？惊喜之下又带给这位物理大师无尽的困惑……

1. 复杂多变的土星环

从现代天文学的观点，是很容易解决伽利略的困惑的。人类早就知道伽利略看到的不是什么"土星耳朵"，而是如今人人皆知的"土星环"。土星和土星环都在不停地运动中，这个薄薄的环面相对于地球观察者的角度也在变化，如图 25-1（b）所示，当环面比较"正面"地朝着地球，人类看到圆盘的大部分，当环面侧面对地球的时候，从地球上看起来是一条线，伽利略望远镜的分辨率

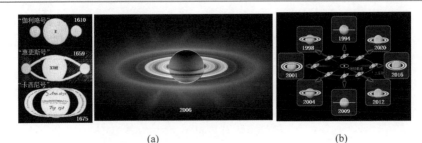

図 25-1　地球人观察土星环（图片来源：NASA）

（a）人类观测到的土星环景象的历史变迁；（b）从地球上看土星环消失（约 15 年）

不够高，将正环面都看成了"耳朵"，当然更不可能看见这条细线，所以产生了"耳朵消失又回来"的错觉。土星绕着太阳公转的周期是 29.45 年，其中有两次侧对地球，因此，地球观察者观测到土星环形状变化的周期是 15 年左右。

图 25-1（a）显示了人类对土星环认识的历史变迁，惠更斯在继伽利略看到"耳朵"的 50 年后，使用更大的望远镜，认识到那是与土星分离的、围绕在土星周围的一个"环"。又过了十几年，卡西尼不仅确定了这是个环，还看清楚了环不止一个，起码是由中间夹着一条窄缝的两个圆盘状的又薄又平的"分环"组成的。为纪念卡西尼的发现，后人将这一条分开 A、B 两环之间的狭缝命名为"卡西尼缝"。到了 2006 年，由"卡西尼—惠更斯号"土星探测器拍摄的土星环照片，进行一定的强度色彩处理后，是一幅既美丽浪漫又精致详细的"童话"似的图案。

然而，你要是坐在"卡西尼号"上，真正在近处把美丽的土星光环仔细看个一清二楚的话，心中的童话世界可能要破灭了！那个看起来细薄如光碟、缥缈如轻纱般的"环"，原来是由大量冷冰冰硬邦邦的尘埃、冰粒和石块组成的。近距离看来，毫无美丽浪漫可言（图 25-2（a））。并且，在太空中飘荡的"卡西尼号"还得小心地防止被这些大石块"砸死"。

(a)　　　　　　　　　　(b)

图 25-2 "卡西尼号"观察到的土星环（图片来源：NASA）

（a）土星环由冰粒和石块构成；（b）阴影中看出 B 环的垂直结构

如此看来，土星环并不是一个真正的"固态环"，就像银河不是"河"一样，看不清楚时才把它们描述成"河"或者"环"。第一个认识到土星环不是一个整体环的人是麦克斯韦。那时候的麦克斯韦还年轻，20 多岁，尚未成为"电磁学之父"。他开始研究土星环，是因为之前的大多数科学家公认的"土星环固体模型"遭遇困难了。行星边上一个均匀刚性环的运动，在动力学上是不稳定的，任何轻微的扰动都会导致环分崩离析并落向土星。麦克斯韦仔细地研究了各种固体环模型的稳定性条件，经过对引力和离心力的严格数学计算，排除了土星环的整体"固态模型"和"液态模型"，确定稳定的土星环成分只有一种可能性：由数个可分离的部分（小固体碎片）聚集而成。

根据我们对土星的最新了解，土星环是由 A~G 7 个主要环带组成的，其中的 A、B、C……是以发现的顺序命名。

陆续被发现的众多环中，B 环是最为显眼的，其上最明亮的部分就应该是当年伽利略认为和土星贴在一起的"耳朵"。A 环的亮度次之。在 B 环以内是后来发现的较暗淡的 C 环和 D 环。F 环于 1979 年被"先驱者 11 号"发现，照片上看起来像一条细细的铁丝圈，嵌在 A 环的外侧边缘。但实际上，它位于 A 环的 3000 km 之外，非常细小和密集，只有数百米宽。F 环是太阳系中最活跃的行星环，貌似是简单的一条线，实际上却具有数个小环互相纠缠形成的复杂结构，其结构以小时的时间尺度变化。G 环是非常薄与黯淡的环，E 环位于最外层，散布宽广，开始于土卫一，结束处已经达到土卫五的轨道附近。

除了 7 个主环外，其间还有许多小环带和狭缝，可谓是环中有缝，缝中有环，环缝相扣，趣味无穷。此外，即使你从"卡西尼号"上面观测，也不能否定这个环的确是特别得"薄"！它的直径不小于 250 000 km，厚度却顶多只有 1.5 km 左右。"卡西尼号"还观测到在薄薄的垂直（厚度）的方向上，也存在一定的"结构"。这点不难理解，既然这些"环"并非刚性固体，其中的冰块及碎片必定处于不停的运动中，这些运动主要是被行星等的引力所主宰，一定的条件下也有电磁力起作用。运动的方向除了受旁边的行星、卫星等轨道运动的影响之外（下面会介绍），朝着四面八方，包括与环面垂直方向的随机运动在所难免，从而造成了竖直方向上的"结构"。结构具体细节，形成的原因以及遵循的规律，都是天体物理学家们研究的对象。

2. 太阳系有多少"行星环"

望远镜是人类视力向太空的延伸，仅仅凭借人的眼睛很难观察到土星环。伽利略、惠更斯等人借助于越来越大的望远镜，证实了土星环的存在。那么，太阳系中其他行星是否也有环呢？在 20 世纪 90 年代末期，天文学家陆续发现了天王星、海王星、木星等气态行星都有围绕它们的"环"，并且每一个行星环都不一样，各具特色（图 25-3 和图 25-4）。冥王星是否带环？还尚无定论，也许"新视野号"对它的探测会给我们一个意外的惊喜。

有趣的是，土星的一个卫星——土卫五也可能有一个稀薄的环系统，见图 25-5。这是太阳系中迄今为止发现的唯——个（可能）带环的卫星。

以上说丽亚（土卫五又称为丽亚）环系统"可能存在"，是因为尚未能被拍

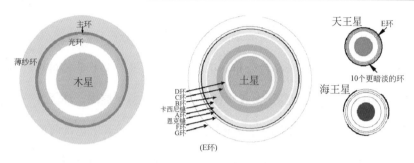

图 25-3 四大外围行星"环"的复杂程度及大小之比较

注：土星 E 环在 G 环之外，延续很宽，本图不便呈现。

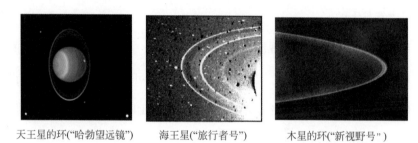

天王星的环("哈勃望远镜")   海王星("旅行者号")   木星的环("新视野号")

图 25-4 太阳系的气态行星和它们的行星环（图片来源：NASA）

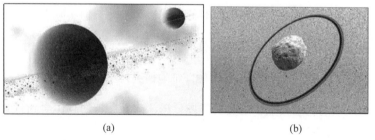

(a)   (b)

图 25-5 丽亚环和小行星的环（艺术家想象图）

（a）土卫五的"丽亚环"；（b）查理洛（Chariklo）的行星环

摄到的影像直接证实，而是根据其他物理现象得到的推论。在 2005 年，"卡西尼号"发现土星的磁气层在土卫五附近有高能量的电子。有人认为最好的解释就是假设土卫五的赤道附近存在盘面状的"环"，能够将电子吸附在其中的固体物体上。如果按照这个模型来解释磁气层的电子问题的话，这些相对密集物体的大小可能从几厘米到 1 米左右，而可能的环面则有 3 个。

2014 年，巴西国家天文台公布一项新发现：土星与天王星之间的一个名为 Chariklo（中文名"女凯龙星"，或"查理洛"）的小行星周围，环绕着一个行星环。这是人类首次在太阳系内部发现的小行星环系统，其中包含两道狭窄但密集的环，宽度分别为 6~7 km 和 2~4 km，相距 9 km 左右。查理洛小行星直径只有 260 km，是太阳系的"带环者"中个头最小的天体。不过，查理洛在半人马小行星中算是大的。

丽亚环和查理洛环的发现带给天文学家们惊喜，方知道不仅仅大行星有环，小行星或者卫星也可以有环。那么，什么样的天体可能会携带环系统？行星环是如何形成的？行星环为什么能稳定地存在，不会四处散开？这其中有哪些物理规律在起作用？希望下面的介绍能够为你解答部分疑惑。

3. 行星环从何而来

上面说到，美丽的行星环细看时好像失去了美感。但实际上，在天文学家的眼中不是这样的，你看得越清楚，就对它越着迷，他们看到的不是干瘪的石头，而是美妙多变的"西施"。此外，如果你仔细地研究行星环的形成过程、运动规律，你更会被其中的物理及数学之美所震撼！越深入下去，便越体会到科学的无限趣味和理论之美。

行星环的形成过程可以用第 16 节中所介绍的洛希极限来解释（图 16-2）。行星周围经常有运动到它附近的陨石、小行星等天体，当某物体逐渐向行星靠近，与行星的距离小于洛希极限时，这个物体各个部分聚集到一块儿的自身引力，抵挡不了行星对它各部分的不同引力效应。也就是说，因为行星对该物体各部分引力之不同，将产生巨大的潮汐力，使得物体不能保持原有的形状而瓦解。小物体被撕裂成小块，这些更小的部分或微粒因为互相碰撞而具有不同的速度，最后被行星俘获绕其旋转形成行星环。

4. 行星环为什么能稳定

洛希极限说明了在一定的条件下，卫星将崩溃成碎片从而有可能形成行星环。然而，形成了行星环之后，尽管环中的碎片和冰块互相不停地碰撞，但是整个环却能够基本保持一个稳定的形状围绕行星旋转，为什么这些碎片不四处散开而能够长年累月地聚集在环中呢？这个问题很复杂，对不同的环可能有不同的答案。在对土星环的研究中，科学家们发现一个很奇特的现象：环的稳定性与附近某个（或两个）卫星的运动紧密联系、息息相关。

换言之，行星环看起来"稳定"的形态是与离它不远的某些卫星的运动有关的。天文学家将此类卫星叫作"守护卫星"，或"牧羊卫星"。它们充当着"环场指挥"的角色，像是放牧时奔跑于羊群周围负责警卫的牧羊犬，又像是带领一群孩子到野外郊游时维持秩序、避免小孩丢失的幼儿园老师。当环中某个"不守规矩"的物体企图冲到"环"外时，"牧羊卫星"可以利用自身的、相对而言较大的引力，将这个"顽皮分子"拉回到队伍中！

"牧羊卫星"一般是行星卫星中个头偏中等的，这也是天体间"引力竞争"的结果。更大的卫星不屑于"牧羊"，自己独成一体；太小的卫星，引力不足以管理别人，有时还被环中的物体偷袭一下，撞击出的更小碎片，往往反过来成为环中物质的来源。不过，土卫二是个反例，它的质量足够大，却是 E 环的物质来源。

土星环的结构复杂，发现的"牧羊卫星"已经有好些个。以土星那条细细的 F 环为例，在它的内圈和外圈，分别有两颗牧羊卫星：土卫十六（普罗米修斯）和土卫十七（潘多拉），见图 25-6 和图 25-7。

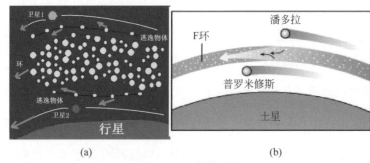

图 25-6　牧羊卫星

（a）牧羊卫星原理；（b）土星 F 环和牧羊卫星

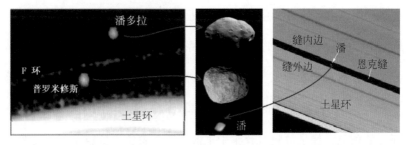

图 25-7　普罗米修斯和潘多拉守护 F 环，潘守卫恩克缝（图片来源：NASA）

普罗米修斯的直径只有 86 km 左右，在 F 环的内圈，公转的速度（周期 0.61 天）比外圈大小相仿的潘多拉（直径 100 km，周期 0.63 天）更快。而 F 环内物体的速度则介于两颗牧羊卫星的速度之间。

行星环中的物体（粒子）经常会互相碰撞。比如，像比较密集的土星 B 环，环绕土星一圈的过程中应该要撞上好几回，能量和角动量都因为这些碰撞而散失和重新分配。F 环虽然更稀疏，也免不了碰撞。其中的具体力学过程很复杂，但因为内圈的粒子跑得比外圈的更快，碰撞的结果会降低内圈粒子的速度，使它没有足够的离心力维持原有的轨道而坠入行星。反之，外圈因得到能量而逃逸行星。看起来，总的效果将会使得原来的环向内外散开。不过，粒子互相散开需要时间，不是立即就发生的过程。当它们还来不及散开的时候，牧羊卫星过来了，它们的引力比环内粒子的引力来说要大很多。如图 25-6 所示，内部的普罗米修斯将内圈要坠毁的粒子拉住，向行星之外推，潘多拉的引力则将外圈想逃逸的粒子抓回来。总体看来，便达到了"守护羊群"避免散失的效果。奇怪的是，牧羊卫星对环中粒子的引力所产生的影响有点类似某种"排斥"：将轨道比它更"内"的粒子向内推，将轨道比它更"外"的粒子向外推，都是推向卫星自己的轨道的反方向。

由上所述，普罗米修斯和潘多拉"一内一外"守护着 F 环中的"羊群"，还有另一个有趣的卫星土卫十八（潘），则守卫着一条缝（恩克缝），见图 25-7（b）。潘的直径只有 20 km，公转周期 0.58 天。就动力学原理而言，守护"缝"与守护"环"的道理是类似的，不必在此赘述。也就是将内环（或外环）的粒子向自己轨道的反方向推，因而便"清扫"出了一条缝来，使得恩克缝的宽度维持在 300 km 左右。

我们对行星环的物理机制仍然知之甚少，有待进一步的观测数据和理论模型。例如，"卡西尼号"发回的最新资料，与刚才的说法就有点不同。对 F 环而言，起着守护作用的似乎主要是普罗米修斯，没有看出多少潘多拉对 F 环的影响。普罗米修斯的运动不仅警卫 F 环中的粒子，还改变 F 环的形状，见图 25-8。普罗米修斯也并不是规规矩矩地只在 F 环以内自己的轨道上运转，有时还穿到 F 环的粒子中间去"忽悠"一会儿，是个十分有趣的"牧羊犬"。

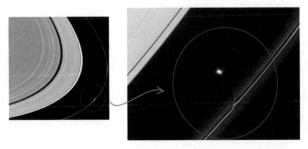

图 25-8　普罗米修斯对 F 环的扭曲（"卡西尼号"）（图片来源：NASA）

第 26 节
梦想殖民火星　大难临头逃生

人类总有梦想，古人梦到嫦娥奔月，现代人梦想殖民火星。"奔月"表达了人类的好奇心和探索宇宙的美好愿望，"殖民"听起来就有点赤裸裸了，暴露了人类"征服"的欲望和贪婪的本性。也许可以说得好听一点，将"殖民"改成"移民"，这后一个词出于人类对地球未来命运的担忧。总而言之，"殖民火星"的正面意思是，地球人想为自己寻找另一个可以"移居"的家园，以防万一地球发生灾难时有地方逃生。

1. 地球未来的灾难

世界上没有万无一失的事情，虽然没有人能够真正预言所谓的"世界末日"，但地球发生毁灭性灾难的可能性也总是存在着。所谓天灾人祸，避开"人祸"不谈，从地球诞生到现在 46 亿年左右的时间，地球上生命所经历的自然灾难也不少，包括超级地震、火山爆发、洪水泛滥等。

地球将来也有超级火山爆发以及大地震的可能性，地球上曾遭遇过至少 6 次毁灭性的火山爆发。近年来，学界和媒体上讨论比较多的是黄石公园地下超级火山爆发的可能性。黄石公园火山目前处于活动期。根据历史上对该火山爆发周期的研究，大爆发分别发生于 200 万年、130 万年、64 万年之前。看起来周期是 65 万 ~70 万年，那么现在又差不多到了它的喷发时间。美国西部的加州附近位于太平洋底部的卡斯卡迪亚断层，如果发生断裂则有可能引发规模 9.0 级以上的超强地震，大地震之后通常伴随着巨大的海啸。地球的这些积累数年的压力而造成的隐患一旦发生，就不是局限于某个国家和地区的问题，而是有可能对地球人类整体造成毁灭性的灾难。

地球灾难也是许多科学家致力研究的重点，每一个领域的科学家对于灾难的认识不一样，天文学家对此有些什么说法呢？

地球是太阳系的一员，它的生存依赖于太阳。恒星演化有其固有的周期，也有意料不到的情况。根据现代天文学的理论，太阳的温度在逐渐升高，50 亿年后会变成一颗红巨星。在这期间，太阳内部的物质以及周围的电磁场都处于激烈的运动和变化中，也许会发生一些突发事件，在地球引起意料不到的灾难。比如说，笔者之前的文章中介绍过的"太阳风"。太阳风的大小与太阳黑子的活动有关，黑子活动高峰时的太阳风携带着大量高速粒子流，有可能完全破坏地球的磁场，对人类形成致命的威胁。

此外，宇宙空间中充满了各种各样的天体，太阳系中有数百万颗小行星，此外还有彗星、流星、太空碎片等，其中有一部分小天体的运行轨道与地球轨道有可能交叉，天文学家们将此类可能与地球距离很近的天体叫作"近地天体"。当某个近地天体的体积及质量足够大时，如果与地球相撞便会给地球带来灾难。评估这些天体与地球发生碰撞的可能性是如今天文学研究的一个热门，因为这是与地球未来生存有关的问题。

别小看小行星撞击地球的力量，如果有一颗直径超过 45 m 的小行星击中伦敦，将能使整个欧洲毁灭。一颗直径 10 km 大小的天体可能会将地球的大部分夷为平地。天文学家们估计大约有 1500 颗直径 1 km 大小的小行星已经或正在掠过地球的轨道。经过计算，人们认为每隔 50 万年左右就会有一颗直径大约 1 km 大小的小行星撞击地球一次。

就在几年前，2013 年 2 月 15 日，俄罗斯车里雅宾斯克市发生过一起陨石撞击事件。陨石进入大气层时直径约 15 m，质量约 7000 t，在天空中留下大约 10 km 长的轨迹。据说主要的碎片落到了湖中，但因为碎玻璃和建筑物的震动，仍然造成了 1491 人受伤。由此事件可知，小天体撞击地球是现实中可能发生的，不可小觑。

天文学家们也估算被称为"太空吸尘器"的黑洞吞噬地球的可能性。黑洞是宇宙中一部分恒星的最后归宿，数量将越来越多，地球被此"吸尘器"吞没的可能性也越来越大。另外，宇宙中还存在很多不可抗力和未解之谜，这些都有可能影响地球未来的命运。

还有可能存在"外星人"。一旦某种"地外文明"发现我们的地球是如此适合高等生物居住，人类将可能无法阻止被殖民！对此，可以想想哥伦布当年发现新大陆后的事件便能理解了。与其被殖民，不如先考虑如何殖民别的星球。

所以，我们并不完全是杞人忧天，地球的确面临着各种可能的灾难。因此，物理学家霍金说："人类不应该将所有的鸡蛋都放在一个篮子里，或一个星球上。希望我们可以将篮子容量扩大后再将其扔掉。"既然人类现在已经有了一定的太空知识和航天能力，理所当然地应该考察一下移民地外星球的可能性。

2. 寻找第二家园

哪些天体可以被人类考虑作为移民的对象呢？太阳系之外的星球距离我们太远了，一下子去不了，人类发射的航天器中迄今为止飞得最远的"旅行者 1 号"才刚刚离开太阳系。所以我们暂时只能首先考虑太阳系内的天体。月亮离地球最近，当然位列第一，此外，离地球最近的行星是金星和火星，还有太阳系中行星的一些卫星，如土卫六、冥卫一等。

要寻找适合人类生存的天体，一是要考虑与太阳的距离，二是天体表面的温度，三是大气层，其中有无氧气。大气层也决定了星体表面的气候。此外，还有一个颇为重要的因素，星体上有没有水。

事实上，根据最新天文探测的结果，太阳系中存在"水"的星球还是不少的。比如，不久前 NASA 的航天器在水星和月球阴影下环形山的坑内均发现了水冰存在的迹象。但是，像地球这样在表面存在大量液态水的星球却不多。地球轨道以内的行星离太阳太近，在太阳这个大火球的焚烧下，即使曾经有水，也被逐渐蒸发掉了。比如，离太阳最近的水星，它朝向太阳的一面，温度达到 400℃以上。锡、铅等金属都会熔化，水则变成了水蒸气。而水星的体积很小，只和月亮相当，没有足够的引力将水蒸气聚集周围，大部分水蒸气都散发到宇宙中去了。水星背向太阳的一面，长期不见阳光，温度在 −173℃以下，所以也不太可能有液态水。

离太阳第二近的是金星。金星的结构和大小比较接近地球，因此有人称金星是地球的孪生姐妹，但实际上这两个星球只是"貌合神离"的姐妹，因为它们的环境相差很大。金星表面温度很高（470℃左右），大气压力是地球的 90 倍，即使有少量液态水，也不会是一个适合人类生存的地方。

距离太阳更远的行星中，木星和土星是气态巨行星，更远的天王星、海王星是冰巨行星，显然都不适合居住。这些行星的几个卫星，如木卫三、木卫二、木卫四、土卫二、土卫六，以及几个小行星（比如谷神星），倒有可能存在冰下海洋等可居住条件，但还有待进一步考察和探索。

说实话，地球虽然不是像"地心说"所宣称的宇宙中心，只是茫茫宇宙中的一颗"小尘埃"，但这个天体却自有它得天独厚之处。地球是一颗距离太阳不远不近，大小和质量都恰到好处的星球，就它与太阳的距离而言，可算是太阳系中唯一处于"可居住地带"的行星。而地球的质量大小使得它刚好能保存合适的大气层和大面积的海洋。如果地球质量太小，所有气态（或液态）物质都会飞离，只剩下坑坑洼洼的固态表面，类似月球。如果质量太大也不行，大气层会太厚且充满各种无用的气体。现在的地球质量，恰好能吸引住大气层中如氮气、氧气和二氧化碳这类较重的气体，并与液态水海洋形成重要而必需的生化循环，促进生命繁衍，滋润万物生长。

基于上述种种因素，人类将"殖民星球"的目标首先指向与地球最相似的火星。

那么，为什么我们不首先考虑移民到月球上去呢？月球的优势是离地球最近，能够最快到达，但它毕竟是一颗依赖于地球的卫星。月亮与地球的命运息息相关，当地球发生灾难的时候，月亮恐怕也难以生存。再则，月球的质量太小，靠它自身的引力不足以拥有大气层和足够的自给自足的水分及其他资源。要想在月亮上生活，几乎所需要的一切都必须从地球上供给。因此，月球顶多只能作为一个"中转站"或"基地"，而不是殖民的目标。

比较起来，还是火星的环境与地球比较接近，我们用数字来说明问题。火星是地球的"弟弟"，它的直径只约为地球的一半，见图 26-1（a），自转周期

(a)　　　　　　　　　　　　(b)

图 26-1　火星是太阳系中与地球最类似的星系（图片来源：NASA）
（a）地球和火星大小比较；（b）"海盗 1 号"登陆器所拍摄到的火星表面

为 24 h 37 min，只比地球的多一点点。因此，1 个火星日只比 1 个地球日长 41 min 19 s。当然，火星和地球的公转周期是不一样的，行星绕太阳的周期 T 与它离太阳的距离 a 有关系（T^2 正比于 a^3），因为转动的离心力需要与引力相平衡。火星距离太阳大约是日地距离的 1.5 倍，可得到 1 火星年（公转周期）约等于 1.88 地球年。火星的自转轴相对于公转轨道平面的倾斜角度约为 25.19°，也与地球的相当。自转轴倾角决定了一年中四季的变化，使得火星有类似地球的四季交替。但是因为火星绕太阳公转周期是地球的 1.88 倍，所以火星上四季的每一个季度，长度都大约为地球一季的 1.88 倍。

另外，火星的公转轨道偏心率为 0.093，比地球的 0.017 大很多。也就是说，火星轨道是一个更扁的椭圆，近日点和远日点相差更大，这使得一年四季中各季节的长度不一致。自转轴倾角和轨道离心率的长期变化比地球大很多，由此而造成了气候的长期变迁，火星表面的平均温度比地球低 30℃ 以上（人类移民过去要准备挨冻了！）。再则，火星比地球小很多，质量只有地球的 1/9，力气太小"抓不住"如地球那么多的大气，但还总算有一个既稀薄又寒冷、以二氧化碳为主的大气层。火星的质量小，重力只有地球上重力的 30%，所以，你在火星上跳来跳去要容易多了。此外，火星有两个形状不规则的，比月球小很多的天然卫星：火卫一和火卫二。它们的最长直径各为 27 km 和 16 km，而月球直径是 3483.36 km。

3. 探索火星的秘密

火星给早期人类的第一印象是一颗通红而又亮丽的星星。中国古人以为它的表面一定是火热火热的，因而将它以"火"命名。西方人以为那上面正在发生火热的战争，将其以战神命名。但实际上，火星呈现红色的原因不是因为温度，而是因为火星表面有大量的氧化铁沙尘，也就是通常我们看到的铁锈的颜色。

火星的岩石中含有较多的铁质，火星上干燥的气候使岩石风化，铁锈色的沙砾四处飞扬，发展成覆盖全球的红色沙尘暴，在地球人眼中呈现出红色的面貌。

这颗火红的星球对人类有一种特殊的吸引力。人类从 1600 年就开始使用望远镜对火星进行观测。随着观测技术的进步，人类对火星表面"看"得越来越清楚了，见图 26-2。特别是每隔 26 个月，地球与火星之间的距离出现最小值，那时的太阳、地球、火星排列成一条直线，称为火星"冲日"。这恰好为人类提供一个能够很好地观察火星的时间窗口。

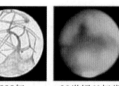

| 1659年 | 1898年 | 20世纪60年代 | 1997年 | 2003年 |

图 26-2　人类对火星表面认知的历史变迁（图片来源：NASA）

航天时代来临以后，人类航天的目标首先指向月球，那是因为月球更近。除了月球，便轮到火星了！几十年的航天史中，人类早就已经向火星发射了大量探测器。火箭先驱冯·布劳恩在 1948 年的《火星计划》一书中就设想用 1000 支三节火箭建立一个包含 10 艘太空船的船队。船队可以运载 70 个宇航员到火星执行任务。苏联和美国除了登月竞赛之外，火星也是一大目标。但这条路上充满坎坷，大约 2/3 的火星探测器，特别是苏联早期发射的探测器，都没有成功地完成使命。不过，到目前为止，仍然已有超过 30 枚探测器到达过火星，并发回了大量宝贵的资料 [33]。

美国的"水手 4 号"于 1964 年 12 月 28 日发射升空，是有史以来第一枚成功到达火星并发回数据的探测器。NASA 于 2011 年发射的"好奇号"火星探测车，于 2012 年降落在火星表面，现在已经辛苦地工作了近 1600 天，发回了大量有用的数据。

目前，NASA 的专家们认为已经有确凿的证据表明，有足够的液态水曾经（30多亿年前）形成一片海洋，长期存在于火星的表面，几乎覆盖火星北半球一半的地表。据说"好奇号"发现了一片远古河床，表明火星上曾经有过适宜生命生存的环境。可是后来，不知什么原因，这颗行星逐渐干涸了，目前发现有一部分水留在了火星极冠和地表以下。航天探测器的雷达资料显示，火星两极和中纬度地表下存在大量的水冰，并观察到类似地下水涌出的现象。最近有消息说，探测器首次在火星大气中捕捉到了氧原子存在的证据。

远古的火星存在海洋！这是个十分有趣的消息。看起来，在十分遥远的古代，地球上还没有高等生物之前，火星上却存在大量的液态水。那时的火星可能不是红色的，而是绿色的或蓝色的，类似于地球现在的样子！我们还不妨进一步来点文学的想象，实际上不少科幻作品早就已经想到了：那时候的火星上可能存在一个高度发达的"火星人文明社会"。发达到了什么程度呢？恐怕已经超过或相当于人类现在的水平，恐怕已经具有了"殖民地球"的能力，正在准备改造地球，考虑大规模移民的过程中！然后，突然有一天发生了当时的发达火星人也控制不了的火星大灾难。于是，火星上的生物灭绝、洪水泛滥、地貌改观，火星成为一个无法居住的星球，所幸当初已经有少量火星人移居其他星球了，他们的命运如何呢？那就凭你的想象力任意驰骋了……

图 26-3 是"好奇号"在火星上拍摄的照片。图 26-3（a）是"好奇号"的"自拍像"：一个结构颇为复杂而又"好奇"的航天器，悠然漫步在火星的红色荒漠中。图 26-3（b）则呈现了火星上见到的太阳景象。落日时的画面虽然简单，可这其中也蕴藏着不少的物理道理。

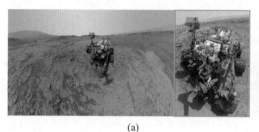

(a)   (b)

图 26-3 "好奇号"拍摄的火星（图片来源：NASA）

（a）"好奇号"在火星上自拍的照片；（b）"好奇号"拍摄到的火星地平线上的太阳

火星天空上的太阳要比地球上所见的更小，光线更暗淡。这两点容易理解，因为火星与太阳的距离比地球更远，大约为日地距离的 1.5 倍。越远的光源看起来越小、越暗淡，这是常识。但是，我们在地球上看到的夕阳，会将天际染红，怎么在火星上的落日以及周围天空，却都变成了淡蓝色的呢？其原因也是和铁锈为主的沙尘有关系。尘埃充斥于火星的大气层中，红光与黄光容易被这些尘土散射或吸收掉，而蓝光则能更有效地穿过火星大气层到达航天器的摄影镜头，因而使我们见识了一个与地球上看到的不一样的"蓝色太阳"。

总之，随着人类科学技术的不断进步，火星的秘密正在被逐步揭开。它现在的状态与地球有相似之处，也有许多不同点，要想移民火星，还得将它改造一番[34]。

4. 火星地球化

人类要想在火星建立永久定居点，首先必须按照地球的生存环境来改造火星。尽管目前的火星并不适合人类居住，但不少人相信，火星的环境可以通过已经可以实现的人为手段来逐渐改变，并且提出了各种改造方法。然而，实现火星地球化不是一朝一夕的事，而是一个长期的过程，需要几百上千年的工夫。比如说，火星上目前的环境比地球极端得多，大部分动植物都无法生存，可能有部分微生物和地衣能够生长繁殖。那么，人类就得从种植、繁衍这些简单生物开始，向火星表皮土壤内引进细菌和战略性植物，一代又一代地逐步建立形成一个人造的生物循环圈，依靠生物链的进化来进一步达到改变环境、改变大气层的厚度和成分的目的，使火星越来越适合高等生物的居住。

火星的大气层非常稀薄，仅相当于地球大气层的 0.7%，只可以抵挡部分的太阳辐射和宇宙线。火星大气层当中有 95% 的二氧化碳和极少量的氧气。氧气不够呼吸，二氧化碳的比例却远远高于人类中毒的极限值。

因此，最开始移民的人类或宇航员，只能在人造建筑物或改造了的火星洞穴中生活，必须如同当前的太空飞行器一样，配有压力设备，维持足够的气压。以上种种设备和方法，都需要能源才能得以维持。最开始可以考虑从地球上带去燃料作为能源，为长远之计则需要考虑如何利用火星上的资源产生能量，或者是制造太阳能电池等方法。化学能、核能及太阳能，均可利用，关键是要考虑在火星的环境下，如何做到自给自足地利用这些能量，而不是长期依赖于地球的原料供给。

目前，国际上有多个团体推动火星殖民，提出了各种方案和计划[35]。加拿大和美国还建立了一些火星模拟研究站，在地球上模拟火星环境进行研究。

第 27 节
太空之路不平坦　失误酿成大灾难

1. 魂系太空——航天史上的事故

太空探索的道路并不平坦，人类前进的步伐中处处都有开拓者们抛洒下的血迹。太空是一个人类知识还很缺乏的疆域，事故和灾难在所难免，牺牲的事时有发生。

航天的发展首先是基于火箭的研究，火箭的工作原理是依靠燃料燃烧释放出的强大化学能来产生反冲力。燃料可以是固体（比如炸药），或者液体（比如汽油），读者一看便知，这两者都是有可能发生意外、容易爆炸的物质。

2. 第一位牺牲者

自从齐奥尔科夫斯基于 1903 年发表的论文《利用反作用力设施探索宇宙空间》奠定了火箭及航天的理论基础之后，世界各地涌现出一批研究火箭的热心追随者，美国有戈达德，德国有火箭专家布劳恩的老师——奥伯特。

但火箭发动机的研制历史上，英雄、伟人固然有，但为之牺牲者也不乏其人。马克思·法列尔（Max Valier，1895—1930）就是第一位牺牲者。

法列尔在大学时学物理，后因第一次世界大战时服务于奥匈帝国空军而中断学习。战后他留在德国，十分欣赏奥伯特的著作《飞往星际空间的火箭》，并将它改写成了一本更为通俗的科普作品，取名《冲入太空》。这本书之后又被另一位年轻人，学生物的大学生威利·李改写成了一个他自己的版本。为了聚集民间的力量，研制出实用的火箭，实现飞上太空的梦想，法列尔和一位航空工程师温克勒一起，创建了《德国星际航行协会》，威利·李以及后来的布劳恩等，都一度成为其中活跃的骨干分子。

协会的初衷是要研发及制造火箭而旅行太空，但太空之梦太遥远、不现实，难以得到富商的赞助，所以协会缺乏资金。法列尔便想办法去说服了一位既富有又好大喜功的汽车制造商，鼓动他出资研究、制造火箭动力汽车，反正对汽车进行火箭发动机的研究也可以用在航天器上。在这个项目中，法列尔首先研制出了一种固体火箭发动机，并将它安装在汽车尾部，取得了一定的成功。法列尔高兴地驾驶着经过他改进的火箭汽车，速度最高达到了每小时 112 km。这在当时是一个了不起的进步，法列尔和那位商人都为此风光一时，见图 27-1。

不过，法列尔很清楚，要想将火箭发射上天，当时最好的选择是效率高的液体火箭。所以，他便开始研制液氧和汽油作为推进剂的非冷却式液体火箭发动机，尚未将发动机安装到汽车上的静态实验也取得了一些初步成果。法列尔相信他能够更好地改进发动机，增大推力。但为了尽快得到下一步的研究经费，法列尔和助手加班加点工作到深夜，计划将发动机安装到汽车上进行表演。就

图 27-1　法列尔和他的火箭汽车

在安装后，表演之前的一次试车过程中，灾难发生了，发动机发生爆炸，一块碎钢片击中了正在驾驶汽车的法列尔的主动脉。在救护人员赶到之前，法列尔便因失血过多而停止了呼吸，时年才35岁。

法列尔虽然驾驶的是汽车，并非航天器，但他是为了实现星际航行的理想，研制液体火箭而牺牲的，人们认为这可以算作是航天事业发展过程中第一次牺牲。其实算什么都无所谓，天国里的法列尔早就该感到欣慰了，因为他对火箭研究的贡献、他写下的航天科普作品、他创建的航天协会，他的信念、他的理想、他的牺牲，都在历史上留下了不可磨灭的印迹，加速了人类登陆月球飞上太空的进程。

3. 牺牲人数最多的导弹试验惨剧

1960年10月24日，苏联发生了世界上最大规模的导弹实验火灾，直接夺去了苏联炮兵主帅米·伊·涅杰林（图27-2（a））和大约100位（或许更多，据说有160位）最高级的火箭专业技术专家和军人的生命。

那正是美国和苏联激烈冷战的时期，双方在制造洲际导弹上较劲。苏联虽然在1957年就宣称发射了世界第一枚洲际导弹P-7，但那是科罗廖夫从航天角度设计的。作为导弹，其命中精度差，实战价值不高。为了抗衡美国，苏联委

  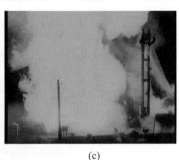

(a) (b) (c)

图27-2　涅杰林灾难

派扬格利领导的"南方设计局"承担了 P-16 导弹的研制工作。

这天是 P-16 导弹的第一次试验，3 天之前，导弹已经被运到发射坪，并在 1 天半之前加注了燃料组分和压缩气体。但在例行检查时，发现了几个危险信号：高温隔膜有问题，气体发生器关断活门引爆管也已经报废。怎么办呢？导弹注满液态燃料后不能储存太久，这是液体火箭相对于固体火箭的缺点。如果取消这次发射便意味着毁掉这枚导弹，在经济上会蒙受巨大损失。况且，离庆祝"十月革命"纪念日只有两个星期了，莫斯科对此急不可耐，设计团队当然也希望能给国庆日献上一份重礼。因此，技术部门和军方最后决定在不排放燃料组分的情况下，直接在发射阵地上尽量修复这些问题。发射时间延迟 1 天左右，至 10 月 24 日 19 点。

在茫茫沙漠的灰蒙蒙的夜色中，负载着 140 t 重、两级弹体的白色火箭高耸入云，显得颇为壮观（图 27-2（b））。涅杰林元帅大概不十分了解火箭试验的危险性，就坐在离火箭发射台 20 m 左右的地方，几百人屏住呼吸等待那激动人心的一刻。

时间像是停滞不前，灾难却突然从天而降。事后据当时在掩蔽室里的一位幸存者描述说：

"突然，某种类似爆炸的剧烈轰鸣声传进耳朵里，我们飞也似的跑进控制室，看到军官塔兰和工程师巴比岳克目光呆滞，面如土色。我扑向朝外的观察镜，看到的是一幅令人毛骨悚然的景象：导弹已经完全被火焰吞噬，爆炸性燃烧如同雪崩一样，发射阵地变成了喷火的地狱。"

大火在烧尽了火箭燃料之后还持续了几个小时，横扫所有的可燃之物，包括来不及逃走的生命，也将许多仪器设备化为灰烬。涅杰林这位苏维埃元帅、国防部副部长、卫国战争的英雄葬身火海，连尸骨都找不到了，只有肩章和钥匙等少量金属物残留下来。苏联对外则宣称涅杰林死于飞机失事，并掩盖这次后来被称为"涅杰林灾难"事故的真相几十年，直到戈尔巴乔夫时代。

事后调查认为：这次事故是由于火箭的第二级在发射前因故障而提前点火（起火），造成燃料外泄而产生了燃烧（再引起一连串的爆炸）而造成的。

4. 小火花成大祸

人们都记得美国"阿波罗 11 号"飞船第一次载人登上月球时的辉煌。第一个踏上月球的人是尼尔·阿姆斯特朗（Neil Armstrong, 1930—2012）。当年（1969年 7 月 21 日）他战战兢兢、小心翼翼地用左脚第一次踏上了月球。他在月亮上迈出的一小步，象征着人类航天事业迈出的一大步。然而，并不是每个宇航员都有如此好的运气，"阿波罗计划"的第一艘——"阿波罗 1 号"在 1967 年 1月 27 日进行一次例行测试的时候，尚未发射就突然发生大火，致使 3 名优秀的宇航员在 17 s 内丧生。他们是：维吉尔·格里森（Gus Grissom，曾执行"水星—红石 4 号""双子星 3 号"以及"阿波罗 1 号"任务），指令长；爱德华·怀特（Edward White，曾执行"双子星 4 号"以及"阿波罗 1 号"任务），高级驾驶员；罗杰·查菲（Roger B. Chaffee，曾执行"阿波罗 1 号"任务），驾驶员（图 27-3）。

那是美国佛罗里达州卡纳维拉尔角 34 号发射台。"阿波罗 1 号"并不是要在当天发射，发射日定于 20 多天之后。那天的测试任务很简单，叫作"拔除插头"

图 27-3 "阿波罗 1 号"

测试。目的是模拟当"阿波罗 1 号"飞船与火箭脱离之后，其内部的供电系统能够继续工作。在测试过程中，运载火箭和航天器都没有装载燃料，所有烟火系统都被禁用，被认为是一个没有危险、很安全的常规测试步骤。

当时 3 名宇航员已经穿上宇航服，全副武装、准备就绪。他们躺在"土星 IB 号"运载火箭顶部的"阿波罗 1 号"指令舱中，等待"拔除插头"。地面控制站突然听见宇航员报告"驾驶舱内发生火警"。人们反应过来后，却来不及打开舱盖，只经过短短的 10 多秒钟后，通话在一个痛楚的叫声中结束了。

这是美国空间计划中的第一次伤亡，谁也没料到会发生事故，但事故却发生了。到底是什么原因造成的火灾呢？

虽然是未注燃料的模拟测试，航天器中的环境与平时的生活环境仍然大不一样，在这次事故中起关键作用的是百分之百的氧气环境。氧气是人类生存的必要条件，但空气中含氧太多、太纯却容易造成危险，一个小小的火花便可能引起大灾难。这次事故便是因为在太空船内一大堆电线某处产生的一个小火花引发的。在指令舱驾驶员座位下有一段镀银铜电线，经常与相关的掩门反复摩擦，使得电线的特氟龙绝缘保护层被剥离了一部分，因此在工作时产生了小火花。舱内的纯氧环境使得火花迅速蔓延，最后造成了灾难。当然，航天器的结构也有问题，诸如舱盖难以打开这一类的应急措施也亟须改进。

其实苏联也发生过一次纯氧环境中的类似事故。1961 年 3 月，苏联宇航员加加林的好朋友邦达连科结束一次试验后，用一个棉团蘸着酒精擦拭皮肤。擦完后，他将棉团随手丢在了旁边的小电炉上。在百分之百氧气的隔绝气压仓里，小火苗立刻腾地蹿起来，邦达连科瞬间变成火人，后因抢救无效而死亡。此事故比"阿波罗 1 号"的灾难早发生 6 年，但因为苏联严格保密，美国人毫不知情，否则也是有可能吸取一点教训的。

5. 小小 O 形环造成的灾难

1986 年 1 月 28 日，美国"挑战者号"航天飞机从卡纳维拉尔角升空 72 s 后爆炸，包括一名普通女教师在内的 7 名美国宇航勇士丧生，见图 27-4（a）、（b）。

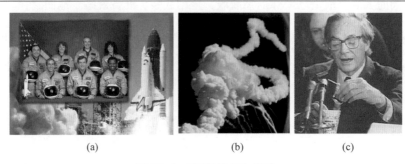

| (a) | (b) | (c) |

图 27-4 "挑战者号"灾难

（a）"挑战者号"上的 7 名宇航员；（b）航天飞机爆炸；（c）费曼对 O 形环做冰水实验

航天飞机是结合了飞机特点的航天器，目的是作为一种往返于地球与外层空间、可以多次重复使用的载人交通工具。它们的外形像飞机，有机翼。这样在一定的情况下，比如返回地球大气层降落的过程中，可以像飞机一样产生升力，提供空气刹车的作用降低坠落速度，方便安全使用。

在起飞时，航天飞机跟其他一次性使用的航天器一样，用火箭动力垂直升入太空。"挑战者号"使用固体推进器达到这个目的。美国是唯一曾经用航天飞机载人进入太空的国家。"挑战者号"是执行任务的第二艘航天飞机（第一个是"哥伦比亚号"），它成功地在地球和太空之间往返 9 次，共绕行地球 987 圈，在太空中总共停留过 69 天。不幸的是，却在第 10 次任务中起飞 72 s 后就解体爆炸了，让 7 名宇航员魂断蓝天。

那是一个特别寒冷的天气。航天飞机升空 42 s 时，看起来还一切正常，航速已达每秒 677 m，高度 8000 m。50 s 时，曾有人发现航天器右侧固体助推器附近冒出一丝丝白烟，但这个现象没有引起人们的注意。在第 72 s，高度 16 600 m 时，太空突然闪出一团亮光，通信中断，地面监控器屏幕上的数据消失了。目击者见到航天飞机已经变成一团火焰，两枚失去控制的固体助推火箭脱离火球，呈 V 字形喷着火向前飞去，眼看要掉入人口稠密的陆地。还好航天中心负责安全的军官手疾眼快，在第 100 s 时，通过遥控装置将它们引爆，避免伤及更多无辜者。

"挑战者号"失事了！价值 12 亿美元的航天飞机顷刻化为乌有，7 名机组人员全部遇难，观看的人群中哭声一片。

经过周密细致的调查后，人们发现发生事故的直接原因非常简单，居然与发射时天气太寒冷、气温太低有关！

著名物理学家理查德·费曼（Richard Feynman，1918—1988）参与了这次事故调查，并向公众演示了一个简单的"冰水实验"，用以解释事故背后的物理原因，见图 27-4（c）。

在固态火箭推进器上，为了密封，使用了几个橡皮材料制成的 O 形环垫圈，旨在防止喷气燃料的热气从连接处泄漏。由于航天飞机发射时气温过低，其中一个 O 形环失效。也就是说，低温下橡胶失去了弹性，不能起到密封的作用。从而使得炽热的气体漏出，点燃了外部燃料罐中的燃料，并最后导致了爆炸的连锁反应。

费曼将一个 O 形密封环稍作挤压后置入冰水内，放置一段时间后取出，发现橡胶环过了好几秒钟时间都不能恢复原来的形状。这个生动的实验演示说明了事故的原因。

实际上在发射之前已经有技术人员提过这个问题，未引起决策人员的重视。另外，人们认为这种橡胶材料是用来承受燃烧热气而不是用来承受寒冷的，所以 O 形密封圈从来没有在 50° 下（10℃）以下测试过，这种种管理上的失误导致了惨剧发生。

6. "哥伦比亚号" 灾难

"哥伦比亚号" 是比 "挑战者号" 更老的航天飞机，它体型庞大，机舱长 18 m，能装运 36 t 重的货物，价值 40 亿美元，从 1981 年就开始服役。它已经飞行了 28 次，算是美国航天飞机中战功卓著的老大哥。在 "挑战者号" 爆炸 17 年之后，"哥伦比亚号" 也走上了类似的路，在返回地球时失事，机上 7 名宇航员全数罹难（图 27-5（b））。

(a)   (b)

图 27-5 "哥伦比亚号" 发射时的裂口（a）和 7 位宇航员（b）

那是 "哥伦比亚号" 的最后一次任务。它于 2003 年 1 月 16 日升空，在太空中过了 16 天，7 位宇航员顺利地完成了各自的科学考察任务，准备于 2 月 1 日返回地球，却不料在最后一刻出事。

最痛心的是他们的家属，他们都在肯尼迪中心等待观看那激动人心的成功降落，迎接他们离别了 16 天的亲人，却看到了难以置信的悲惨一幕。

　　事故虽然发生在航天飞机的返回降落过程中，其原因却是在 16 天之前的发射过程中造成的。在航天飞机发射升空 81.7 s 后，外部燃料箱外表面掉落的一块隔热泡沫撞击到飞机左翼前缘，损坏了航天飞机的防热系统，形成裂孔，见图 27-5（a）。当航天飞机 16 天之后重返大气层时，超高温气体得以从裂孔处进入"哥伦比亚号"机体，造成航天飞机解体、机毁人亡的悲剧。

参 考 文 献

[1] 维基百科. 万户 [OL] .https://zh.wikipedia.org/wiki/%E4%B8%87%E6%88%B7.

[2] 顾诵芬, 史超礼. 世界航天发展史 [M] .郑州: 河南科学技术出版社, 2000: 180-234.

[3] NANCY ATKINSON.13 Things that Saved Apollo 13 [OL] . http://www.universetoday.com/62339/13-things-that-saved-apollo-13/.

[4] 维基百科. 航海家计划 [OL] . https://zh.wikipedia.org/wiki/%E8%88%AA%E6%B5%B7%E5%AE%B6%E8%A8%88%E7%95%AB.

[5] JOHN E.Prussing, Bruce A.Conway, Orbital Mechanics [M] .Oxford Univ.Press,1993.

[6] 张天蓉. 蝴蝶效应之谜——走近分形与混沌 [M] .北京: 清华大学出版社, 2013.

[7] Minor Planet Center [OL] .http://www.minorplanetcenter.net/.

[8] 维基百科. 第 22 太阳周期 [OL] . https://zh.wikipedia.org/wiki/%E7%AC%AC22%E5%A4%AA%E9%99%BD%E9%80%B1%E6%9C%9F.

[9] 张天蓉. 永恒的诱惑——宇宙之谜 [M] .北京: 清华大学出版社, 2016 : 123-148.

[10] 维基百科. 希尔球 [OL] .https://zh.wikipedia.org/wiki/%E5%B8%8C%E7%88%BE%E7%90%83.

[11] MISNER C W, THORNE K S, WHEELER, J A. Gravitation [M] . San Francisco: W.H.Freeman.1973: 875-876.

[12] 张天蓉. 苹果落地是因为时空弯曲吗 [N/OL] .人民日报. 2015-06-04. (016) http://paper.people.com.cn/rmrb//html/2015-06/04/nw.D110000 renmrb_20150604_4-16.htm.

[13] 张天蓉. 上帝如何设计世界——爱因斯坦的困惑 [M] .北京: 清华大学出版社, 2015 : 123-148.

[14] JACOB D B.Black holes and entropy [J] . Physical Review D, 1973, 7 (8) : 2333-2346.

[15] HAWKING S W.Black hole explosions? [J] .Nature, 1974, 248(5443) : 30-31.

[16] 伦纳德·萨斯坎德. 黑洞战争 [M] .李新洲, 等, 译. 长沙: 湖南科技出版社, 2010 : 155-210.

[17] ALMHEIRI A, MAROLF D, POLCHINSKI J, et al. Black Holes: Complementarity or Firewalls? [J] .J. High Energy Phys,2013:2, 062.

[18]　HAWKING S W，PERRY M J, STROMINGER A. Soft Hair on Black Holes［J］. Phys. Rev. Lett，2016:116, 231301.

[19]　维基百科.木星［OL］.https://zh.wikipedia.org/wiki/%E6%9C%A8%E6%98%9F.

[20]　伽利略.星际信使［M］.徐光台，译.台北：天下文化出版公司，2004.

[21]　MISSION J，DESIGN T.Juno-Spaceflight101［OL］. http://spaceflight101.com/juno/juno-mission-trajectory-design/.

[22]　Wikiwand.测地线效应［OL］. http://www.wikiwand.com/zh-mo/%E6%B5%8B%E5%9C%B0%E7%BA%BF%E6%95%88%E5%BA%94.

[23]　POUND R V.REBKA JR G A.Gravitational Red-Shift in Nuclear Resonance［J］. Physical Review Letters，1959，3（9）：439-441.

[24]　IORIO L.Juno, the angular momentum of Jupiter and the Lense-Thirring effect［J］. New Astronomy，2010，15（6）：554-560. arXiv:0812.1485.

[25]　WILL C.Relativity at the centenary［J］. Physics World, 2005：27-32.

[26]　张天蓉.引力波与黑洞［J］.自然杂志,2016,38（2）：87-93.

[27]　张天蓉.引力波为物理学树立新的里程碑［J］.科技导报，2016，34（3）:57-59.

[28]　张天蓉.蝴蝶效应之谜——走近分形与混沌［M］.北京：清华大学出版社，2013.

[29]　丁玖.中国数学家传（第六卷）李天岩［OL］. http://www.global-sci.org/mc/issues/2/no3/freepdf/15s.pdf .

[30]　EARTHSKY.Pluto's moons tumble in chaotic dance By EarthSky［OL］. http://earthsky.org/space/plutos-moons-tumble-in-chaotic-dance .

[31]　维基百科.西尼-惠更斯号［OL］.https://zh.wikipedia.org/wiki/%E5%8D%A1%E8%A5%BF%E5%B0%BC%EF%BC%8D%E6%83%A0%E6%9B%B4% E6%96%AF%E5%8F%B7.

[32]　LAKDAWALLA E.实验室模拟土星北极的六角星云［OL］. http://www.planetary.org/blogs/emily-lakdawalla/2010/2471.html.

[33]　维基百科.火星探测［OL］. https://zh.wikipedia.org/wiki/%E7%81%AB%E6%98%9F%E6%8E%A2%E6%B5%8B.

[34]　PETRANEK S L.如何在火星上生活［M］.邓子矜，译.台北：天下杂志股份有限公司，2016.

[35]　维基百科.火星殖民［OL］. https://zh.wikipedia.org/wiki/%E7%81%AB%E6%98%9F%E6%AE%96%E6%B0%91#cite_note- autogenerated1-19.